Oldenbourgs Übungs- und Studienbücher der Wirtschafts- und Sozialwissenschaften

Statistik

Lehrbuch mit Übungsaufgaben

Von

a. o. Universitätsprofessor

Dr. Peter Hackl

Universitätsdozent

Dr. Walter Katzenbeisser

Dr. Wolfgang Panny

Wirtschaftsuniversität Wien

5., überarbeitete Auflage

R. Oldenbourg Verlag München Wien

CIP-Kurztitelaufnahme der Deutschen Bibliothek

Hackl, Peter:
Statistik : Lehrbuch mit Übungsaufgaben / von Peter Hackl ; Walter Katzenbeisser ; Wolfgang Panny. – 5., überarb. Aufl. – München ; Wien : Oldenbourg, 1985
(Oldenbourgs Übungs- und Studienbücher der Wirtschafts- und Sozialwissenschaften)
ISBN 3-486-25613-0 brosch.

NE: Katzenbeisser, Walter:; Panny, Wolfgang:

Gesamtherstellung: Rieder, Schrobenhausen

ISBN 3-486-25613-0

Inhaltsverzeichnis

Verzeichnis der Tafeln

Vorwort

Zielsetzung dieses Buches ist es, eine anwendungsbezogene Darstellung der für die Sozial- und Wirtschaftswissenschaften wichtigsten statistischen Verfahren sowie deren Grundlagen zu geben.

Jedes Kapitel gliedert sich in drei Teile: Im ersten Teil werden die jeweils relevanten Definitionen, Sätze und Techniken zusammengefaßt. Im zweiten Teil werden typische Anwendungen der besprochenen Methoden an Hand gelöster und kommentierter Beispiele in exemplarischer Weise dargestellt. Am Ende eines jeden Kapitels sind eine Reihe von Übungsaufgaben und deren Lösungen angegeben.

Entsprechend unseren Erfahrungen, die wir in wiederholt abgehaltenen Übungen "Einführung in die Statistik" an der Wirtschaftsuniversität Wien gewonnen haben, glauben wir, daß die gewählte Darstellungsweise in der vorliegenden, überarbeiteten Fassung als Begleitung zu Vorlesung und Übung besonders geeignet ist. Die Bearbeitung der Übungsaufgaben soll dem Studenten helfen, sein Verständnis für den Stoff zu vertiefen und Übung bei der Handhabung des statistischen Instrumentariums zu erlangen.

Zu Dank verpflichtet sind wir Herrn Hans Bauer vom Rechenzentrum der Wirschaftsuniversität Wien für seine Hilfe beim Erstellen der Tabellen und Frau Liesl Leitl für das Schreiben des Manuskripts sowie jenen Studenten, die durch Hinweise auf Fehler in den Übungsaufgaben zur Verbesserung des Buches beigetragen haben. Ihnen allen sei herzlich gedankt.

P. Hackl
W. Katzenbeisser
W. Panny

Kapitel 1
Beschreibende Statistik: Häufigkeitsverteilungen und ihre Parameter

1.1 Objekt einer statistischen Untersuchung ist stets eine Gesamtheit (Grundgesamtheit, statistische Masse), das ist eine Menge von Elementen (statistische Einheiten), die entsprechend dem Untersuchungsziel als gleichartig angesehen werden. Zielgröße der Untersuchung sind ein oder mehrere Merkmale, die in einer von mehreren möglichen Merkmalsausprägungen an jeder statistischen Einheit der interessierenden Masse beobachtbar sein müssen. Beispiele von Merkmalen sind das Gewicht eines Körpers, die Qualität eines Erzeugnisses, das Religionsbekenntnis einer Person etc.

Eine statistische Analyse ist nur auf der Basis numerischer Daten möglich. Diese Daten können Häufigkeiten von Merkmalsausprägungen oder diesen zugeordnete Zahlenwerte sein. Unter Skalierung eines Merkmals versteht man die Festlegung der Menge der möglichen Ausprägungen gemeinsam mit einer Vorschrift, nach welcher den einzelnen Ausprägungen Zahlen zuzuordnen sind. Verschiedene Typen von Merkmalen werden entsprechend den Eigenschaften der verwendeten Skala unterschieden.

Skalen:

(a) Nominalskala: Die zugeordneten Zahlen sind Substitute (Codes) für die einzelnen Merkmalsausprägungen.

Bsp.1: Merkmal: Religionsbekenntnis
Ausprägungen: röm.kath., evangelisch - AB, evangelisch - HB, altkath., mosaisch, andere.
Skala: z.B.: röm.kath. → 1, mosaisch → 2, alt kath. → 3, etc.

Die Menge der statistischen Einheiten wird in disjunkte Teilmengen mit gleichen Merkmalsausprägungen und damit gleichen Werten partitioniert. Die Zuordnungsvorschrift ist willkürlich. Dementsprechend sind nicht beliebige statistische Verarbeitungen solcher Daten zulässig, sondern nur solche, die durch eine Modifikation der Zuordnungsvorschrift nicht beeinflußt werden, z.B. Berechnen von Häufigkeiten und Häufigkeitsverteilungen.

Bsp.2: Das durchschnittliche Religionsbekenntnis einer Population ist eine nicht zulässige statistische Kennzahl; das häufigste ist jedoch zulässig.

(b) Ordinalskala: Die zugeordneten Zahlen sind nicht nur Substitute, sondern repräsentieren auch eine Rangordnung der Merkmalsausprägungen.

Bsp.3: Merkmal: Qualität eines Erzeugnisses
Ausprägungen: unbrauchbar, bedingt brauchbar, brauchbar
Skala: z.B.: unbrauchbar → 0, bed.brauchbar → 1, brauchbar → 2

Zulässig sind alle für nominal-skalierte Merkmale zugelassenen statistischen Verarbeitungen, zusätzlich die Berechnung von Rangzahlen, Median, u.s.w., nicht jedoch die eines Mittelwertes.

(c) Metrische Skala: Die zugeordneten Zahlen repräsentieren zusätzlich zur Rangordnung für je zwei Ausprägungen einen Abstand auf der Skala (Intervallskala) bzw. ein Verhältnis ihrer Abstände von einem Nullpunkt der Skala (Verhältnisskala).

Bsp.4: Gewicht, Flächen, Volumina, etc.

Zugelassen sind alle für ordinal skalierte Merkmale zugelassenen statistischen Verarbeitungen, weiters die Berechnung von Mittelwert, Standardabweichung, u.s.w.

Systematik der Merkmale:

- diskrete Merkmale: Die Zahl der möglichen Merkmalsausprägungen ist endlich (oder abzählbar). Sie sind meist nominal- bzw. ordinalskaliert.

- stetige Merkmale: Die Merkmalsausprägungen können jeden Wert eines Intervalls auf der Zahlengeraden annehmen.

Diese Einteilung ist wesentlich, da es Klassen von statistischen Methoden gibt, die zur Analyse von Daten diskreter Merkmale (Häufigkeiten) verwendet werden und andere Methoden, die der Analyse von Daten stetiger Merkmale (gemessene Daten) dienen.

1.2 Häufigkeiten und Häufigkeitsverteilungen

Im allgemeinen wird es sich um eine Teilmenge (Stichprobe) aus der Menge aller möglichen Beobachtungen dieses Merkmals handeln. Es liegen n Beobachtungen eines diskreten Merkmals X vor: $x_1, x_2, \ldots, x_n$. Unter den n Beobachtungen kommen k verschiedene Merkmalsausprägungen $a_1, \ldots, a_k$ vor. Um große Datenmengen in summarischer Weise übersichtlich darzustellen, gibt man die Häufigkeiten an, mit der die einzelnen Merkmalsausprägungen beobachtet wurden.

Bei stetigen Merkmalen wird zu diesem Zweck eine Klasseneinteilung vorgenommen, indem der Beobachtungsbereich in k Klassen, d.h. Intervalle, partitioniert wird.

Def.1: Absolute Häufigkeit:

H_j: Häufigkeit, mit der die Merkmalsausprägung a_j unter den Beobachtungen x_i, $i=1,\ldots,n$ vorkommt, bzw. mit der ein x_i aus der j-ten Klasse beobachtet wurde.

Es gilt:

$$\sum_{j=1}^{k} H_j = n \quad .$$

Def.2: Relative Häufigkeit:

$$h_j = H_j/n \quad .$$

Es gilt:

$$\sum_{j=1}^{k} h_j = 1 \quad .$$

Bsp.5: Es wurde folgende Werte des Benzinverbrauchs in [l/1ookm] gemessen:

7.8, 9.5, 9.2, 6.2, 13.4, 7.4, 8.9, 1o.2, 4.9, 1o.1, 7.3, 9.1, 8.3, 5.8

Die Klassen [4,6), [6,8) , etc. sind mit folgenden Häufigkeiten besetzt:

Benzinverbrauch (in l/1ookm)		absolute Häufigkeit	relative Häufigkeit (in [%])
[4,6)	||	2	14.3
[6,8)	||||	4	28.6
[8,1o)	~~||||~~	5	35.7
[1o,12)	||	2	14.3
[12,14)	|	1	7.1
Σ		14	100.0

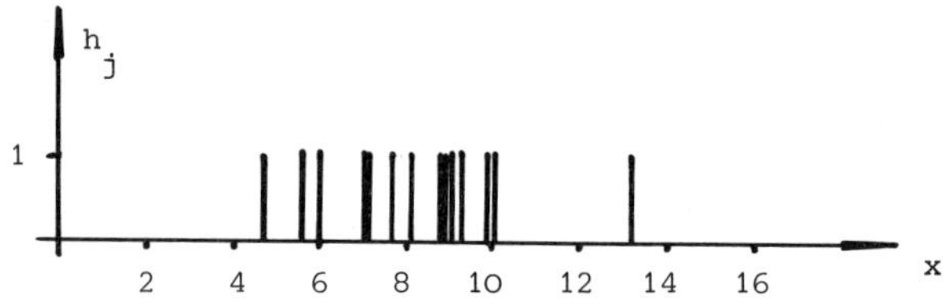

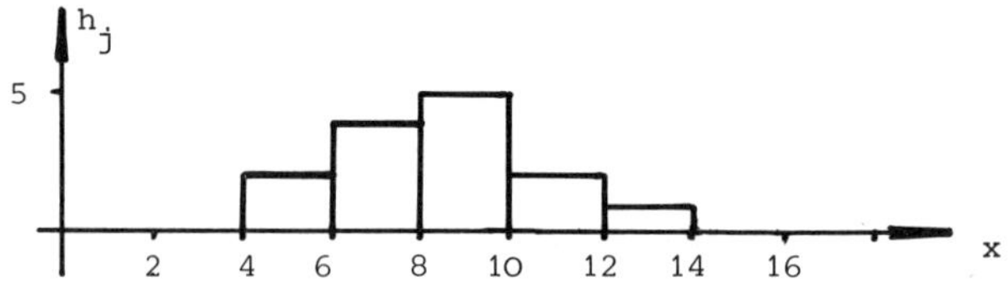

Abb.1:Häufigkeitsverteilung zu Bsp.1.

Festlegung der Klassen

Günstigerweise werden halboffene Intervalle gewählt.
Zahl der Klassen: $5 \leq k \leq 20$, $k \simeq \sqrt{n}$ *(Faustregel)*
Klassenbreiten: möglichst gleich groß
Klassenmitten: möglichst 'einfache' Zahlen

Bei der statistischen Verarbeitung solcher "quasi-diskreter" Merkmale werden die Beobachtungen $x_1,...,x_n$ durch die Klassenmittelpunkte $a_1,a_2,...,a_k$ mit der der Besetzungszahl der Klasse entsprechenden absoluten Häufigkeiten ersetzt, so daß die Ergebnisse nur näherungsweise gelten.

Def.3: *Häufigkeitsfunktion:*

$$f(x) = \begin{cases} h_j & , \quad x = a_j \quad , \; j=1,...,k \\ 0 & \text{sonst} \end{cases} .$$

Def.4: *Summenhäufigkeitsfunktion:*

$$F(x) = \sum_{a_j \leq x} f(a_j) .$$

Darstellung von Häufigkeitsverteilungen
- Häufigkeitstabelle
- graphische Darstellungen

Bsp.6: Benzinverbrauch von PKW in [l/100km]

Klasse	a_j	H_j	h_j in [%]
[4,6)	5	43	6.2
[6,8)	7	102	14.7
[8,10)	9	227	32.7
[10,12)	11	196	28.2
[12,14)	13	91	13.1
[14,16)	15	35	5.1
		694	100.0

Graphische Darstellungen der Häufigkeitsverteilung von Bsp.6:

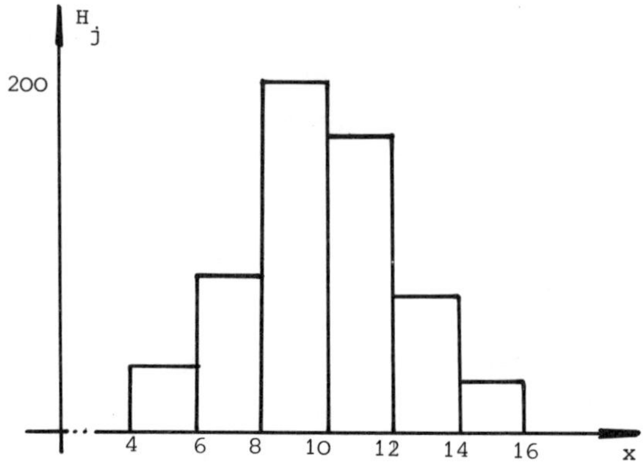

Abb.2: Histogramm der Häufigkeitsverteilung zu Bsp.6 .

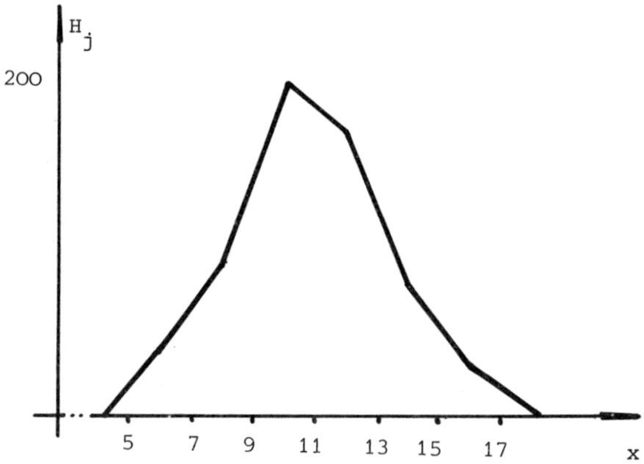

Abb.3: Polygonzug der Häufigkeitsverteilung zu Bsp.6 .

1.3 Parameter einer Häufigkeitsverteilung

Dienen der Charakterisierung der Häufigkeitsverteilung. Zu ihrer Berechnung siehe Abschnitt 1.4 .
Es seien die Beobachtungen x_i, $i=1,\dots,n$, eines Merkmals X gegeben; die daraus ermittelte Häufigkeitsverteilung beinhalte die Häufigkeiten H_j, $j=1,\dots,k$.

(a) Lageparameter

Def.5: Mittelwert (arithmetisches Mittel):

$$\bar{x} = \frac{1}{n} \sum_{i=1}^{n} x_i \quad .$$

Satz 6: Eigenschaften des arithmetischen Mittels:

(i) Aus $y_i = bx_i + c$, $(i=1,\dots,n)$ *folgt*

$$\bar{y} = b\bar{x} + c \quad \text{für beliebige } b, c \in R .$$

(ii) $$\sum_{i=1}^{n} (x_i - \bar{x}) = 0 \quad .$$

(iii) $$S(z) = \sum_{i=1}^{n} (x_i - z)^2 \quad \text{ist minimal für } z = \bar{x} \quad .$$

Satz 7: Gewogenes arithmetisches Mittel:

Es werden Teilmengen von Beobachtungen (Umfang n_j, *Mittelwert* $\bar{x}_j$ *für* $j=1,\dots,m$*) zu einer Menge von Beobachtungen (Umfang* n, *Mittelwert* $\bar{x}$*) zusammengefaßt:*

$$\bar{x} = \frac{1}{n} \sum_{j=1}^{m} n_j \bar{x}_j \qquad \text{mit } n = \sum_{j=1}^{m} n_j \quad .$$

Def.8: *Median (mittlerer Wert):*

$$\tilde{x} = \begin{cases} x_{[(n+1)/2]} & \text{wenn } n \text{ ungerade}, \\ (x_{[n/2]} + x_{[n/2+1]})/2 & \text{wenn } n \text{ gerade}, \end{cases}$$

wobei $x_{[i]}$ *die i-te der nach der Größe geordneten Beobachtungen ist.*

Bsp.7: Für die Angaben des Bsp.5 gilt:

$x_{[1]} = 4.9,\ x_{[2]} = 5.8,\ \dots,\ x_{[14]} = 13.4;\ \tilde{x} = 8.6$.

Def.9: *Modus (häufigster Wert):*

Jene Merkmalsausprägung, die die größte Häufigkeit unter den n Beobachtungen hat.

Def.1o: *Geometrisches Mittel:*

$$\bar{x}_g = \sqrt[n]{\prod_{i=1}^{n} x_i}$$

Voraussetzung: X ist verhältnisskaliert, $x_i > 0$.

Beachte: $\ln \bar{x}_g = \frac{1}{n} \sum_{i=1}^{n} \ln x_i$.

Bsp.8: Mit dem Wachstumsfaktor $q_o = x_1/x_o$ kann der Umsatz x_1 geschrieben werden als

$$x_1 = x_o q_o \quad .$$

Analog gilt für die weiteren Umsätze $x_2,\dots,x_n$

$$x_2 = x_1 q_1 = x_o q_o q_1$$

und

$$x_n = x_{n-1} q_{n-1} = x_o \prod_{i=o}^{n-1} q_i = x_o \bar{q}^n \quad ,$$

wobei $\bar{q}$ der durchschnittliche Wachstumsfaktor ist. Somit gilt

$$\bar{q} = \sqrt[n]{\prod_{i=1}^{n} q_i} \; .$$

(b) Streuungsparameter

Def.11: *Varianz, d.i. die mittlere quadratische Abweichung vom Mittelwert:*

$$s^2 = \frac{1}{n} \sum_{i=1}^{n} (x_i - \bar{x})^2 = \frac{1}{n} \sum_{i=1}^{n} x_i^2 - \bar{x}^2 \; .$$

Satz 12: *Eigenschaften:*

(i) Aus $y_i = bx_i + c \; (i=1,\dots,n)$ folgt $s_y^2 = b^2 s_x^2$ für beliebige $b, c \in R$.

(ii) $\frac{1}{n} \Sigma (x_i - z)^2 = s^2 + (\bar{x} - z)^2$ für ein beliebiges $z \in R$.

(iii) *Verschiebungssatz:*

$$\frac{1}{n} \Sigma x_i^2 = s^2 + \bar{x}^2 \; .$$

Def.13: *Standardabweichung:*

$$s = \sqrt{s^2} \; .$$

Def.14: *Variationskoeffizient:*

$$v = \frac{s}{\bar{x}} \; .$$

Satz 15: *Berechnung der Varianz aus m Varianzen s_j^2 von Teilmengen zu je n_j Beobachtungen mit Mittelwerten $\bar{x}_j$:*

$$s^2 = \frac{1}{n} \sum_{j=1}^{m} n_j s_j^2 + \frac{1}{n} \sum_{j=1}^{m} n_j (\bar{x}_j - \bar{x})^2 ,$$

wobei $\bar{x}$ der (gewogene) Mittelwert ist.

Def.16: *Spannweite:*

$$R = x_{[n]} - x_{[1]} .$$

1.4 Berechnung von $\bar{x}$ und s^2 aus Häufigkeitsverteilungen

Die praktische Berechnung von Parametern der Häufigkeitsverteilung basiert häufig nicht auf den Rohdaten x_i, $i=1,\ldots,n$, selbst, sondern auf der Häufigkeitsverteilung (a_j, H_j), $j=1,\ldots,k$. Gründe dafür können sein,

- daß die Rohdaten nicht verfügbar sind, oder
- daß man den Rechenaufwand reduzieren möchte ($n >> k$).

Def.17: *Mittelwert:*

$$\bar{x} \doteq \frac{1}{n} \sum_{j=1}^{k} a_j H_j = \sum_{j=1}^{k} a_j h_j .$$

Def.18: *Varianz:*

$$s^2 \doteq \frac{1}{n} \sum_{j=1}^{k} a_j^2 H_j - \bar{x}^2 = \sum_{j=1}^{k} a_j^2 h_j - \bar{x}^2 .$$

Bei quasi-diskreten Merkmalen gelten diese Formeln nur näherungsweise. Die Abweichung vom exakten Wert ist

- beim Mittelwert nicht systematisch
- bei der Varianz systematisch zu groß; eine Verringerung der Überschätzung ist mittels der Sheppard-Korrektur möglich:

$$s^2_{korr} = s^2 - \frac{b^2}{12}$$

mit b = Klassenbreite.

BEISPIELE

1) Kinderzahlen von ausgewählten Familien:
Beobachtungen

2, 1, 3, 1, 2, 0, 2, 4, 1, 2

Häufigkeitsverteilung

x_1		H_i	h_i	$x_i \cdot H_i$	$x_i^2 \cdot H_i$
0	|	1	0.1	0	0
1	|||	3	0.3	3	3
2	||||	4	0.4	8	16
3	|	1	0.1	3	9
4	|	1	0.1	4	16
Σ		10	1.0	18	44

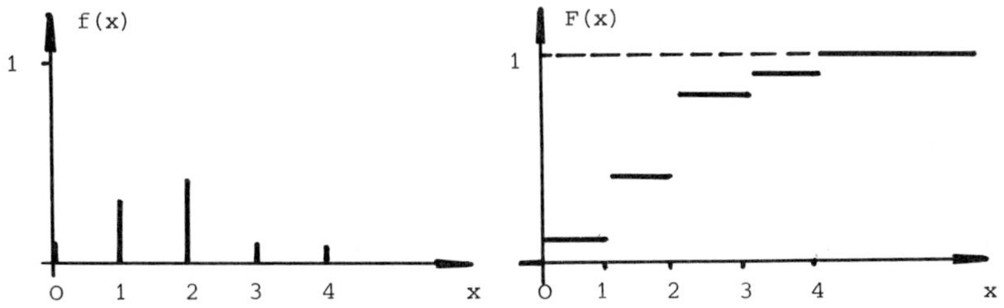

Abb.4: Häufigkeits- und Summenhäufigkeitsfunktion.

$\bar{x} = \frac{1}{10} \cdot 18 = 1.8$

$\tilde{x} = (x_{[5]} + x_{[6]})/2 = 2$

$s^2 = \frac{1}{10} \cdot 44 - (1.8)^2 = 1.16$

$s = 1.08$

$R = 4 - 0 = 4$

2) Benzinverbrauch von 14 Personenkraftwagen:

Beobachtungen aus Bsp.5

Häufigkeitsverteilung

$k = 5$

i	Klasse	a_i		H_i	$a_i \cdot H_i$	$a_i^2 \cdot H_i$
1	[4, 6)	5	||	2	10	50
2	[6, 8)	7	||||	4	28	196
3	[8,10)	9	~~||||~~	5	45	405
4	[10,12)	11	||	2	22	242
5	[12,14)	13	|	1	13	169
	Σ			14	118	1062

$\bar{x} \doteq 8.43 \quad s^2 \doteq 4.82 \quad s \doteq 2.19 \quad s_{korr} = 2.12$

$k = 3$

i	Klasse	a_i	H_i	$a_i \cdot H_i$	$a_i^2 \cdot H_i$
1	[4, 8)	6	6	36	216
2	[8,12)	10	7	70	700
3	[12,16)	14	1	14	196
	Σ		14	120	1112

$\bar{x} \doteq 8.57 \quad s^2 \doteq 5.96 \quad s \doteq 2.44 \quad s_{korr} = 2.15$

Exakte Werte:

$\bar{x} = 8.44 \quad s^2 = 4.30 \quad s = 2.07$

$\tilde{x} = (8.3 + 8.9)/2 = 8.60 \quad R = 13.4 - 4.9 = 8.5$

3) Der Umsatz eines Unternehmens betrug in den Jahren 1970 bis 1978 (in Mio.S)

24.6, 25.9, 27.6, 28.9, 29.1, 32.2, 32.7, 34.1, 37.2

(a) Das geometrische Mittel ist zu bestimmen.

Das geometrische Mittel $\bar{x}_g = 30.01$ Mio.S entspricht - unter Annahme eines konstanten Wachstumsfaktors - dem Umsatz in der Mitte (1974) des Zeitraumes 1970 bis 1978.

(b) Der durchschnittliche Wachstumsfaktor ist zu bestimmen.

$$q_{1971} = \frac{x_{1971}}{x_{1970}} = 1.053, \quad q_{1972} = 1.066, \ \ldots$$

$$\bar{q} = \sqrt[8]{\prod_{i=1971}^{1978} q_i} = \sqrt[8]{\frac{x_{1978}}{x_{1970}}} = \sqrt[8]{1.512} = 1.053 \quad .$$

Die durchschnittliche Zuwachsrate beträgt 5.3%.

ÜBUNGSAUFGABEN

Für die Angaben der Aufgaben 1 bis 4 sind

a) die Skalierungsart des Merkmals zu diskutieren,
b) die Häufigkeitsverteilung zu tabellieren,
c) eine geeignete graphische Darstellung der absoluten Häufigkeiten und der absoluten Summenhäufigkeiten zu zeichnen,
d) Mittelwert, Standardabweichung (mit und ohne Sheppard-Korrektur, falls anwendbar), Median und Spannweite zu berechnen.

1) Bei einem Aufnahmetest erreichte Punktezahlen:

Punkte	1	2	3	4	5	6	7	8	9
Zahl d. Personen	6	11	15	21	35	23	19	10	5

L: $\bar{x}=5$, $s=1.9$, $\tilde{x}=5$, $R=8$

2) Zahl der Regentage je Monat:

Jahr	I	II	III	IV	V	VI	VII	VIII	IX	X	XI	XII
1975	8	12	17	19	10	6	13	11	14	20	22	12
1976	10	9	18	16	12	8	5	6	15	19	17	14
1977	12	11	21	18	16	11	9	10	12	8	19	13
1978	11	8	16	18	14	12	15	14	8	10	16	10
1979	9	12	18	17	12	13	7	11	9	20	23	15

L: $\bar{x}=13.2$, $s=4.3$, $\tilde{x}=12$, $R=18$

3) Monatsumsätze (in Mio.S) einer Warenhauskette:

Jahr	I	II	III	IV	V	VI	VII	VIII	IX	X	XI	XII
1975	12.0	19.2	18.3	18.7	12.9	20.0	5.1	11.2	15.8	21.6	20.3	24.9
1976	9.8	16.3	17.2	21.5	14.7	22.3	8.4	13.7	16.5	23.6	24.8	27.3
1977	11.3	17.1	18.5	22.2	17.8	24.9	13.1	14.4	18.8	24.1	28.3	30.0
1978	13.9	19.7	21.2	22.3	16.9	23.6	12.2	15.8	18.5	27.3	29.6	32.1
1979	15.4	18.2	23.5	23.9	18.1	25.0	14.6	17.1	19.2	28.7	30.9	34.8

L: bei $k=7$ (zw. 2.5 und 37.5) $\bar{x} \doteq 20.1$,
$s \doteq 6.45$, $s_{korr}=6.13$, $\tilde{x}=18.75$, $R=29.7$
exakte Werte: $\bar{x}=19.65$, $s=6.12$

4) Eheschließungen 1976: Alter des Bräutigams von 15- bis 16-jährigen Bräuten:

Alter des Bräutigams	Zahl der Eheschließungen	Alter des Bräutigams	Zahl der Eheschließungen
18	9	26	1
19	17	27	0
20	15	28	1
21	7	29	1
22	8	30-34	3
23	0	35-39	0
24	1	40-44	1
25	1	45-49	0

L: $\bar{x} \doteq 21.7$, $s \doteq 4.18$

5) Mittelwert und Standardabweichung sind für die Aufg.4 zu ermitteln, wobei je zwei aufeinanderfolgende Klassen zu einer zusammenzufassen sind. L: $\bar{x} \doteq 21.9$, $s \doteq 4.71$

6) Eine Autoreise dauert 4 Tage, wobei am ersten Tag 6, am zweiten Tag 8, am dritten Tag 2 und am vierten Tag x Stunden gefahren werden. Die Durchschnittsgeschwindigkeiten an den 4 Tagen betragen: $\bar{v}_1=60$, $\bar{v}_2=52$, $\bar{v}_3=58$, $\bar{v}_4=54$ km/h. Der Gesamtschnitt beträgt $\bar{v}=55$ km/h. Wie viele Stunden wurden am vierten Tag gefahren? L: 12

7) 200 Studenten mit einer mittleren Größe von 182.88 cm bestehen aus Studenten mit einer mittleren Größe von 190.20 cm und Studentinnen mit einer mittleren Größe von 171.90 cm. Wie viele Studentinnen enthält die Gruppe? L: 80

8) 600 Personen sind durchschnittlich 32.5 Jahre alt, die Frauen (Männer) darunter sind 30 (33) Jahre alt. Die Zahl der Frauen ist anzugeben. L: 100

9) Die mittlere Lebenserwartung sei in einer Stadt 69.4 Jahre, die der Frauen (Männer) 72.0 (66.4) Jahre. Wie groß ist der Anteil der Frauen? L: 53.6 %

1o) Der durchschnittliche Tagesumsatz betrug in der ersten (zweiten) Woche zu je 5 Tagen 10.721,-- (9.737,--). Wieviel muß in der dritten Woche im Tagesdurchschnitt umgesetzt werden, damit der Gesamtdurchschnitt 12.000,-- beträgt? L: 15.542,--

11) Durch mindestens wie viele Tage hindurch muß der Kaufmann (Aufg.1o) durchschnittlich 13.000,-- umsetzen, damit er - nach den ersten beiden schwächeren Wochen - auf einen Gesamttagesdurchschnitt von mehr als 12.000,-- kommt? L: 18

12) a) Der Mittelwert von 20 Stichprobenwerten betrage 15, die Summe ihrer Quadrate sei 5000. Die Standardabweichung ist auszurechnen. L: 5
b) Der Mittelwert von 10 Stichprobenwerten beträgt 3, die Summe der Quadrate 100. Die Standardabweichung ist auszurechnen. L: 1

13) Für eine Stichprobe vom Umfang n gelte: $\Sigma x_i=10$, $\Sigma x_i^2=260$, $s^2=25$. Wie groß ist n? L: 10

14) Das durchschnittliche Quadrat der Abweichungen der Beobachtungen von z=10 beträgt 100, der Mittelwert der Beobachtungen beträgt 3. Die Varianz ist anzugeben. L: 51

15) Die Varianz eines Merkmals beträgt 100, das durchschnittliche Quadrat der Abweichungen von z=20 beträgt 125. Wie groß ist der Mittelwert? L: 15 oder 25

16) 4 Maschinen erzeugen Werkstücke, deren Merkmal X je nach erzeugender Maschine den Mittelwert $\bar{x}_1=7$, $\bar{x}_2=5$, $\bar{x}_3=8$ und $\bar{x}_4=10$ hat; die Varianzen sind alle gleich $s_o^2=4.5$. Welche Varianz hat das Merkmal X in der Liefermenge, wenn von den 4 Maschinen die folgenden Mengen stammen: $n_1=50$, $n_2=20$, $n_3=25$ und $n_4=5$. L: 6.0

17) Der durchschnittliche Tagesumsatz betrage in den 3 Filialen eines Betriebes 1.36, 2.29 und 1.89 Mio öS. Die Umsätze der Filialen streuen mit einer Standardabweichung von 0.35, 0.47 und 0.13 Mio öS. Der Beobachtungszeitraum für diese Daten ist 3 Wochen (18 Verkaufstage).
a) Der Mittelwert und L: 1.85
b) die Standardabweichung L: 0.515
aller Tagesumsätze sind zu ermitteln.

18) Die Bevölkerung Österreichs betrug in den Jahren 1965 bis 1970 jeweils zum Jahrsbeginn in Tausend:
7.255, 7.290, 7.323, 7.360, 7.393, 7.426 .
a) Das geometrische Mittel und L: 7.341
b) die durchschnittliche jährliche Zuwachsrate L: 0.467 %
sind zu bestimmen.

Kapitel 2
Beschreibende Statistik: Maß- und Indexzahlen

2.1 Typen von Maßzahlen

> *Def.19: Meßzahlen: mehrere gleichartige Größen werden auf eine dieser Größen (Basis) bezogen.*

Meßzahlen treten immer als Folge von Maßzahlen auf, die sich meist in der Zeit entwickeln. Die Meßzahlen werden meist in Prozenten angegeben.

Bsp.9: Entwicklung des österreichischen BNP (real, in Preisen 1964)
1968-1973; Basis: BNP 1970: 300.889 Mrd.S
87.67, 92.80, 100, 105.28, 111.97, 118.45

> *Def.2o: Gliederungszahlen: mehrere Teilgrößen werden auf eine übergeordnete Größe (Basis) bezogen.*

Auch die Gliederungszahlen werden meist in Prozent angegeben.

Bsp.1o: Verteilung des österreichischen BNP 1970
Basis: BNP 1970: 300.889 Mrd.S

Löhne und Gehälter	48.10 %
Einkommen aus Besitz und Unternehmung	20.93 %
Unverteilte Gewinne	6.61 %
Öffentliche Einkommen aus Besitz u. Unternehmung	0.51 %
Sonstige	23.85 %

> *Def.21: Beziehungszahlen: verschiedenartige Größen werden zueinander ins Verhältnis gesetzt.*

Bsp.11: Ernteerträge an Wein im Jahr 1976 in Hektoliter/ha.

Niederösterreich	66.5
Burgenland	64.6
Steiermark	63.5
Gesamt-Österreich	65.1

2.2 Indexzahlen

Mehrere Meßzahlenfolgen werden zu einer globalen Meßzahlenfolge zusammengefaßt. Man spricht dann von einer Folge von Indexzahlen. Diese Folge repräsentiert die Entwicklung eines - komplexen - Sachverhalts in der Zeit. Beispiele sind Indizes der Verbraucherpreise, der Großhandelspreise, der Weltmarktpreise, des Pro-Kopf-Einkommens der Arbeitnehmer, der Aktien der Industrie u.v.a. (vergl. etwa das Statistische Handbuch für die Republik Österreich).

Es sei I_{rs} ein Index für die Berichtsperiode s bezogen auf die Basisperiode r. Es ist vernünftig zu verlangen, daß gilt

a) $I_{ab}I_{bc}I_{ca} = 1$ (Fisher'scher Rund- oder Zirkulartest).

Dann erfüllt der Index auch die Eigenschaften

b) $I_{ab} = \frac{1}{I_{ba}}$ (Umkehrtest),

c) $I_{ab}I_{bc} = I_{ac}$ (modifizierter Rundtest).

Preisindizes: repräsentieren die Entwicklung der Preise eines zusammenhängenden Komplexes von Wirtschaftsgütern ('Warenkorb'). Im folgenden erstrecken sich die Summierungen über die Menge dieser Wirtschaftsgüter (i=1,...,n).

Preismeßzahl des i-ten Wirtschaftsgutes $p_{ot}^{(i)}$:

p_{oi} = Preis einer Einheit im Basisjahr

p_{ti} = Preis einer Einheit im Berichtsjahr

$$p_{ot}^{(i)} = \frac{p_{ti}}{p_{oi}}$$

Preismeßzahlen erfüllen den Rundtest.

Preisindizes für einen Warenkorb von n Wirtschaftsgütern werden berechnet als gewichteter Mittelwert der Preismeßzahlen:

$$P_{ot} = \frac{\Sigma w_i P_{ot}^{(i)}}{\Sigma w_i}$$

wobei die Gewichte w_i geeignet zu wählen sind.

(a) Arithmetisches Mittel der Preismeßzahlen:

Die Gewichte werden gewählt zu:
$w_i = 1,\ i=1,\dots,n$. Damit ergibt sich für den Preisindex:

$$P_{ot} = \frac{1}{n} \Sigma P_{ot}^{(i)}$$

(b) Gewogenes Mittel der Preismeßzahlen:

Def.22: Preisindex nach Laspeyres: $w_i = q_{oi} p_{oi}$, *wobei* q_{oi} *die verkaufte Menge des i-ten Gutes in der Basisperiode ist:*

$$P_{ot}^{L} = \frac{\Sigma q_{oi} p_{ti}}{\Sigma q_{oi} p_{oi}} \quad .$$

Der Preisindex repräsentiert die Entwicklung der Kosten des Warenkorbes, als dessen mengenmäßige Zusammensetzung jene der Basisperiode unterstellt wird.

Def.23: Preisindex nach Paasche: $w_i = q_{ti} p_{oi}$, *wobei* q_{ti} *die verkaufte Menge des i-ten Gutes in der Berichtsperiode ist:*

$$P_{ot}^{P} = \frac{\Sigma q_{ti} p_{ti}}{\Sigma q_{ti} p_{oi}} \quad .$$

Der Preisindex gibt an, in welchem Ausmaß sich der Preis des Warenkorbs der Berichtsperiode im Vergleich zur Basisperiode verändert hat.

Bsp.12: Rohstoff- und Energiekosten-Index eines Hüttenwerkes

		1970	1971	1972
Eisenerz	p	4720	4970	5630
	q	710	780	780
Koks	p	3210	3750	3995
	q	720	770	795
Strom	p	310	310	340
	q	520	510	505

a) Preismeßzahl für Eisenerz, Basis 1970
100.00, 105.30, 119.28

b) Kosten-Index nach Laspeyres, Basis 1970
100.00, 109.72, 121.07

c) Kosten-Index nach Paasche, Basis 1970
100.00, 109.68, 121.11

Weder der Preisindex nach Laspeyres noch jener nach Paasche erfüllen den Rundtest.

Bsp.13: Aus den Angaben von Bsp.12) ist zu bestimmen:

a) $P^L_{1970,1972} = 1.2107$

b) $P^L_{1970,1971} \cdot P^L_{1971,1972} = 1.0972 \cdot 1.1038 = 1.2111$

Beachte: $P^L_{1971,1972} \neq P^L_{1970,1972}/P^L_{1970,1971}$

2.3 Folgen von Meß- und Indexzahlen: Basisänderung, Verketten

Beim Arbeiten mit solchen Folgen werden häufig die genannten Operationen notwendig. Allerdings setzen beide Operationen streng genommen voraus, daß die betroffenen Größen den Rundtest erfüllen. Der wichtige Laspeyres-Index jedoch erfüllt diese Voraussetzung nicht (vergl. Bsp.13). Glücklicherweise sind dennoch die erhaltenen Ergebnisse für die meisten Zwecke von ausreichender Genauigkeit.

(a) Basisänderung:

Satz 24: I_{ot}, *t=0,...,n sei eine Folge von Meß- oder Indexzahlen, bezogen auf die Basisperiode o. Daraus ergibt sich die entsprechende Folge, bezogen auf eine geänderte Basisperiode r, zu*

$$I_{rt} = \frac{I_{ot}}{I_{or}} \quad , \qquad t=0,\ldots,n \quad .$$

Bsp.14: Aus der Folge des Rohstoff- und Energiekosten-Index (vergl. Bsp.12) nach Laspeyres, Basis 1970 (100, 109.72, 121.07), ist die Folge, bezogen auf die Basis 1971, zu ermitteln:

91.14, 100.00, 110.34

(b) Verketten (oder Verknüpfen) zweier Folgen:

Satz 25: $I_{rt}^{(1)}$, *t=1,...,s sei eine Folge von Meß- oder Indexzahlen, bezogen auf die Basisperiode r; von der Periode s an existiere eine neue Folge (mit identer oder leicht modifizierter Definition des Index):* $I_{st}^{(2)}$, *t=s,...,n . Die beiden Folgen können zu einer gemeinsamen Folge verkettet werden werden:*

$$I_{rt} = \begin{cases} I_{rt}^{(1)} \quad , & t=1,\ldots,s \\ I_{rs}^{(1)} \cdot I_{st}^{(2)} \quad , & t=s+1,\ldots,n \end{cases}$$

oder

$$I_{st} = \begin{cases} \dfrac{I_{rt}^{(1)}}{I_{rs}^{(1)}} \quad , & t=1,\ldots,s-1 \\ I_{st}^{(2)} \quad , & t=s,\ldots,n \quad . \end{cases}$$

Bsp.15: Zwei Indizes der Industrie-Produktion sind in der folgenden Tabelle angegeben:

	1970	1971	1972	1973	1974	1975	1976	1977	1978	1979	1980
Index A 1962=100	139	143	146	152	159	164	167	--	--	--	--
Index B 1973=100	--	--	--	100	104	106	107	111	115	118	117

Der verkettete Index, Verkettungsperiode 1973, Basisperiode 1962, ergibt sich zu:

1970	1971	1972	1973	1974	1975	1976	1977	1978	1979	1980
139	143	146	152	158	161	163	169	175	179	178

BEISPIELE

1) Der Index der Verbraucherpreise (VPI) 1966 (Basis 1966 = 100) hat die Werte:

1970	1971	1972	1973	1974	1975	1976
115.0	120.2	128.0	137.7	150.8	163.5	175.5

a) Die Folge ist auf die Basis 1973 zu beziehen.

$\frac{115.0}{1.377}$ = 83.5, 87.3, 93.0, 100.0, 109.5, 118.7, 127.5

b) Der VPI 1976 (Basis 1976 = 100) ergab sich für 1977 und 1978 zu 105.5 und 109.2 . Welche Werte hat der verkettete Index, Verkettungsperiode 1976, Basisperiode 1966, für 1977 und 1978?

1977:

$$1.755 \cdot 105.5 = 185.2$$

1978:

$$1.755 \cdot 109.2 = 191.6$$

c) Die durchschnittliche Inflationsrate zwischen 1970 und 1978 ist zu bestimmen.

$$\sqrt[8]{\prod_{i=1971}^{1978} q_i} = \sqrt[8]{\frac{191.7}{115.0}} = 1.066$$

Sie beträgt 6.6 % .

ÜBUNGSAUFGABEN

1) Die 1969 bis 1976 in Österreich erzeugten Zementmengen betragen in Mio Tonnen:
   4.56, 4.81, 5.50, 6.37, 6.26, 6.44, 5.63, 5.88
   Es ist zu bestimmen:
   a) Die Folge des Produktionsmengenindex auf der Basis 1969.
   L: 100,105.5,...,128.9
   b) Die Folge des Produktionsmengenindex auf der Basis 1972.
   L: 71.6,75.5,...,92.3
   c) Die Folge der jährlichen Zuwachsfaktoren.
   L: 1.055,1.143,...,1.044
   d) Die durchschnittliche Zuwachsrate zwischen 1969 und 1976.
   L: 3.7 %

2) Für 1975 und 1976 sind Indizes der Frühstückskosten eines Haushaltes nach Laspeyres und Paasche zu ermitteln; Basisjahr 1974.

		1974	1975	1976
Brot	p	7.00	7.40	7.80
	q	72.00	73.00	89.00
Butter	p	56.00	56.00	62.00
	q	11.20	12.50	14.70
Milch	p	7.10	7.40	7.80
	q	140.00	135.00	165.00
Eier	p	1.40	1.80	2.00
	q	365	412	365

   a) Kostenindex nach Laspeyres — L: 108.2, 116.8
   b) Kostenindex nach Paasche — L: 108.5, 115.8

3) Kann unter der Annahme, daß 1977 nur die Eierpreise (auf S 2.20) steigen, durch Variation des Eierkonsums der Preisindex (Aufg.2) auf dem Niveau von 1976 gehalten werden?
   L: a) Nein, der Index nach Laspeyres bleibt von der Mengenänderung unbeeinflußt.
   b) Der Index nach Paasche bleibt gleich, wenn nur 238 Eier konsumiert werden.

4) Der Jahresverbrauch an Nahrungs- und Genußmittel einer erwachsenen männlichen Person in Arbeitnehmerhaushalten (q_i) und der entsprechende Verbraucherpreis (p_i, Jahresdurchschnitt) betrug in den Jahren 1975, 1976 und 1977

		1975	1976	1977
Schwarzbrot	q (kg)	37.42	36.03	34.92
	p (S/kg)	8.23	8.85	9.35
Butter	q (kg)	3.96	4.09	4.40
	p (S/kg)	55.6	59.2	62.3
Eier	q (Stk)	181	197	193
	p (S/Stk)	1.79	1.84	1.93

   a) Der Preisindex nach Laspeyres $P^L_{1975,t}$, $t=1976,1977$, ist für den oben angegebenen Warenkorb zu berechnen.
   L: 100.00,105.5,111.0

   b) Der Laspeyresindex ist auf die neue Basis 1977 umzubasieren, und die Indexzahlen sind zu bestimmen. L: 90.1,95.0,100.0

   c) Gilt $P^L_{1975,1977} = P^L_{1975,1976} \cdot P^L_{1976,1977}$?
   L: $1.111006 \neq 1.054576 \cdot 1.052437 = 1.109875$

5) Die Tabelle enthält 2 Folgen des Index der Verbraucherpreise (VPI)

Jahr	1966	1967	1968	1969	197o	1971	1972	1973
VPI 1966	100.0	104.0	106.9	110.1	115.0	120.4	128.0	137.7
VPI 1976	--	--	--	--	--	--	--	--

Jahr	1974	1975	1976	1977	1978
VPI 1966	150.8	163.5	175.5	--	--
VPI 1976	--	--	100.0	105.5	109.2

a) Die beiden Folgen sind zu verketten, Verkettungsperiode 1976, Basisperiode 1970. L: 87.0,90.4,93.0,95.7,100.0, 104.7,...,152.6,161.0,166.7
b) Wie a), Basisperiode 1977
L: 54.0,56.2,57.7,...,94.8,100.0,103.5
c) Die durchschnittliche Inflationsrate zwischen 1972 und 1978 ist zu bestimmen. L: 7.0 %

6) 2 Indizes der Industrieproduktion lauten:

	1970	1971	1972	1973	1974	1975	1976	1977	1978	1979	1980
Index A Basis 1962	139	143	146	152	159	164	167	--	--	--	--
Index B Basis 1973	--	--	--	100	104	106	107	111	115	118	117

a) Der verkettete Index, Verkettungsperiode 1973, Basisperiode 1970, ist anzugeben.
L: 100,103,105,109,114,116,117,121,126,129,128
b) Wie a), jedoch mit Verkettungsperiode 1976.
L:100,103,105,109,114,118,120,125,129,132,131

Kapitel 3
Zeitreihen

3.1 Allgemeines

Ein Merkmal Y sei in den (meist) äquidistanten Zeitpunkten $t=1,2,\ldots,N$ beobachtet worden. Dabei kann es sich um aktuelle Werte zum Beobachtungszeitpunkt (Zahl der Mitarbeiter einer Firma am 1.Jänner, Schlußnotierung einer Ware an der Warenbörse) oder um aggregierte Werte aus einem Beobachtungsintervall (Wochenumsatz, monatlicher Gewinn) handeln.

Bsp.16: Eine graphische Darstellung der in Aufg.3 des Kap.1 angeführten Daten ist zu erstellen.

Die angegebenen Daten sind über jeweils ein Monat aggregierte Umsätze der Filialen einer Warenhauskette.

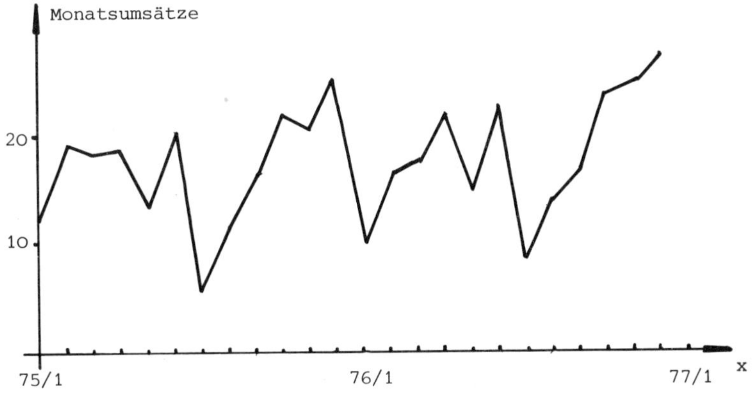

Abb.5: Monatsumsätze (in Mio.S) einer Warenhauskette.

Eine solche Folge von Beobachtungen $\{Y_t, t=1,...,N\}$ heißt Zeitreihe.

Eine Zeitreihe kann als Ergebnis der folgenden Effekte angesehen werden, die im konkreten Fall in unterschiedlicher Intensität zusammenwirken:

- Trend
- saisonale und/oder zyklische Schwankungen
- Störeffekte.

Als Modell zur Beschreibung der Zeitreihe eignet sich oft die additive Beziehung

$$Y_t = T_t + S_t + U_t \quad , \qquad t=1,...,N \quad .$$

Dabei symbolisieren

T_t : die Trendkomponente,

S_t : die saisonale (oder zyklische) Komponente und

U_t : die Störgröße, irreguläre Komponente.

Für die saisonale Komponente gelten die Annahmen

$$\sum_{i=t}^{t+p-1} S_i = 0 \quad , \qquad t=1,...,N-p+1 \quad , \text{ und}$$

$$S_t = S_{t+p} \quad , \ t=1,...,N-p \quad , \qquad \text{(\underline{Konstanz der Saisonfigur})}$$

wobei p die Periodendauer ist.

Aufgabe der Zeitreihenanalyse ist es u.a.,

- ein zur Beschreibung der Zeitreihe geeignetes Modell zu spezifizieren und zahlenmäßig zu bestimmen, und/oder
- Prognosewerte zu ermitteln.

Im folgenden werden Methoden der Ermittlung der Zeitreihenkomponenten diskutiert.

3.2 Modelle ohne saisonale Komponente: $Y_t = T_t + U_t$

(a) Schätzung der Trendkomponente mit Hilfe der Methode der Gleitenden Durchschnitte

Die Trendkomponente T_t kann für die Zeitpunkte $t=k+1,\ldots$ $\ldots,N-k$ geschätzt werden:

als Gleitende Durchschnitte der Ordnung 2k+1 (ungerade):

$$T_t \doteq \frac{1}{2k+1} \sum_{j=t-k}^{t+k} Y_j = Y_t^{(2k+1)} \quad , \quad t=k+1,\ldots,N-k$$

oder als Gleitende Durchschnitte der Ordnung 2k (gerade):

$$T_t \doteq \frac{1}{2k} \left[\sum_{j=t-k+1}^{t+k-1} Y_j + \frac{1}{2} (Y_{t-k} + Y_{t+k}) \right] = Y_t^{(2k)} \quad ,$$

$$t=k+1,\ldots,N-k \quad .$$

Die Trendkomponenten der ersten und letzten k Beobachtungen können mit Hilfe dieser Methode nicht bestimmt werden.

(b) Schätzung der Parameter einer Trendfunktion mit Hilfe der Methode der kleinsten Quadrate:

Die Trendkomponente $T_t = T_t(a,b,\ldots)$ hänge von den Parametern a, b, ... ab. Häufig verwendete Trendfunktionen sind

- Trendgerade : $T_t = a + bt$
- polynomialer Trend : $T_t = a + bt + ct^2 + \ldots$
- exponentieller Trend: $T_t = a \cdot e^{bt}$
- Sättigungskurve (logistisches Modell) : $T_t = \dfrac{a}{1 + be^{-ct}}$

Schätzprinzip für das Ermitteln der Schätzwerte $\hat{a}, \hat{b}, \ldots$ der Parameter $a, b, \ldots$ der Trendfunktion ist das Prinzip der kleinsten Quadrate:

$$S(a,b,\ldots) = \sum_{t=1}^{N} (Y_t - T_t)^2 \xrightarrow[a,b,\ldots]{} \text{Minimum} \quad .$$

Bsp.17: Für die lineare Trendfunktion

$$T_t = a + b \cdot t$$

lautet die zu minimierende Funktion:

$$S(a,b) = \sum_{t=1}^{N} (Y_t - a - b \cdot t)^2 \xrightarrow[a,b]{} \text{Minimum}$$

Die Koordinaten des Extremums erhält man aus den ersten Ableitungen:

$$\frac{\partial S}{\partial a} = -\ 2 \cdot \Sigma (Y_t - a - b \cdot t) \quad ,$$

$$\frac{\partial S}{\partial b} = -\ 2 \cdot \Sigma t (Y_t - a - b \cdot t) \quad ;$$

durch Nullsetzen der Ableitungen ergeben sich die Normalgleichungen zu:

$$N \cdot \hat{a} + \hat{b} \cdot \Sigma t = \Sigma Y_t$$
$$\hat{a} \cdot \Sigma t + \hat{b} \cdot \Sigma t^2 = \Sigma t \cdot Y_t$$

Die Normalgleichungen stellen ein inhomogenes lineares Gleichungssystem für $\hat{a}$ und $\hat{b}$ dar und ergeben:

$$\hat{a} = \frac{\Sigma Y_t \cdot \Sigma t^2 - \Sigma t \cdot \Sigma t \cdot Y_t}{N \cdot \Sigma t^2 - (\Sigma t)^2}$$

$$\hat{b} = \frac{N \cdot \Sigma t \cdot Y_t - \Sigma t \cdot \Sigma Y_t}{N \cdot \Sigma t^2 - (\Sigma t)^2}$$

Aus der Matrix der zweiten Ableitungen folgt, daß das Extremum ein Minimum ist; beachte, daß S(a,b) eine Summe von Quadraten ist!
Die angepaßte Trendfunktion lautet $T_t = \hat{a} + \hat{b} \cdot t$.

Für beliebigen polynomialen Trend ergeben sich die Parameter $\hat{a}, \hat{b}, \hat{c}, \ldots$ als Lösung des folgenden linearen Gleichungssystems

$$\begin{bmatrix} N & \Sigma t & \Sigma t^2 & \ldots \\ \Sigma t & \Sigma t^2 & \Sigma t^3 & \ldots \\ \cdot & \cdot & \cdot & \ldots \\ \vdots & \vdots & \vdots & \vdots\vdots\vdots \end{bmatrix} \begin{bmatrix} \hat{a} \\ \hat{b} \\ \hat{c} \\ \vdots \end{bmatrix} = \begin{bmatrix} \Sigma Y_t \\ \Sigma t \cdot Y_t \\ \Sigma t^2 \cdot Y_t \\ \vdots \end{bmatrix}$$

Der Fall des exponentiellen Trends läßt sich durch Logarithmieren auf den Fall der linearen Trendfunktion zurückführen, wenn eine multiplikative Störgröße verwendet wird:

$$\ln Y_t = \ln a \cdot e^{bt} \cdot U_t = \alpha + \beta t + V_t$$

mit

$$\alpha = \ln a \quad , \; \beta = b \text{ und } V_t = \ln U_t \quad .$$

Die Schätzung der Trendfunktion mit Hilfe der Methode der kleinsten Quadrate setzt die Spezifikation ihrer funktionalen Form voraus. Bei der Methode der Gleitenden Durchschnitte ist eine solche Spezifikation dagegen nicht notwendig.

3.3 Modelle mit saisonaler Komponente: $Y_t = T_t + S_t + U_t$

Es werden Periodizität p (p gerade) und Konstanz der Saisonfigur vorausgesetzt.

(a) Schätzung der Trendkomponenten:
Mit Hilfe der Methode der Gleitenden Durchschnitte ergeben sich wegen

$$\sum_{i=t}^{t+p-1} S_i = 0 \quad , \qquad t=1,\ldots,N-p+1$$

Schätzwerte der Trendkomponenten zu

$$\hat{T}_t = Y_t^{(p)} \quad , \qquad t = \frac{p}{2}+1,\ldots,N-\frac{p}{2} \quad .$$

(b) Schätzung der saisonalen Komponenten:

Die Differenzen

$$d_t = Y_t - \hat{T}_t \doteq S_t + U_t \quad , \quad t = \frac{p}{2}+1,\ldots,N-\frac{p}{2}$$

enthalten näherungsweise die Saisonkomponenten plus die Störkomponenten. Durch Mittelung der der gleichen Saison entsprechenden Größen

$$d_\lambda, d_{\lambda+p}, d_{\lambda+2p}, \ldots \quad , \qquad \lambda=1,\ldots,p$$

erhält man Durchschnittswerte

$$\bar{d}_\lambda \doteq S_\lambda \quad , \qquad \lambda=1,\ldots,p \quad ,$$

die, auf Null adjustiert, die Schätzwerte der saisonalen Komponenten ergeben:

$$\hat{S}_\lambda = \bar{d}_\lambda - \frac{1}{p}\sum_{i=1}^{p}\bar{d}_i \quad , \qquad \lambda=1,\ldots,p \quad .$$

(c) Desaisonalisierte Werte Y_t^* der Zeitreihe erhält man durch Subtraktion der entsprechenden Saisonkomponenten:

$$Y_t^* = Y_t - \hat{S}_\lambda \quad .$$

Dabei ist λ der Saisonindex der Beobachtung t.

3.4 Berechnung von Prognosewerten

Hat man Schätzungen der einzelnen Komponenten der Zeitreihe, so kann man durch Extrapolation Prognosewerte ermitteln. Dazu wird für den Prognosezeitpunkt der Wert der Trendkomponente fortgeschrieben und, falls nötig, die saisonale Komponente hinzugerechnet; die Störgröße wird Null gesetzt.

3.5 Vorgangsweise bei der Analyse von Zeitreihen

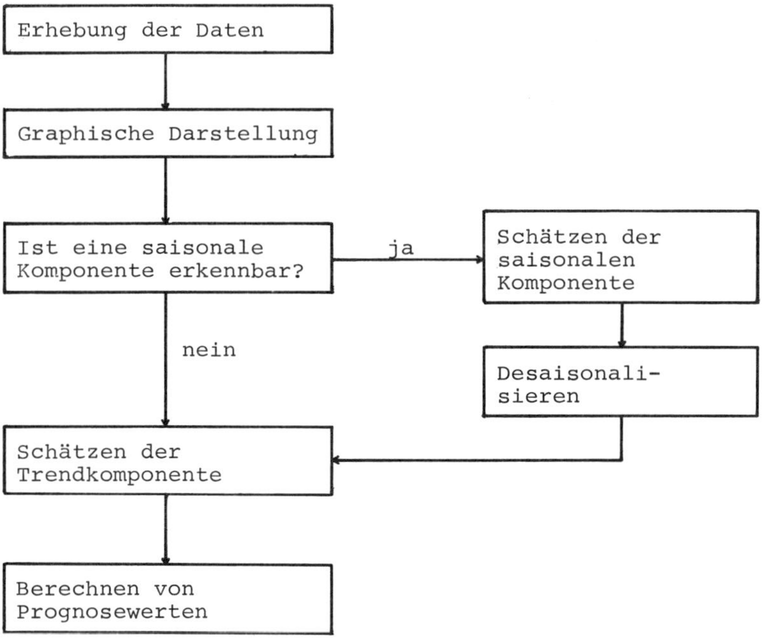

Bei allen Schritten, insbesonders bei der Wahl des Modells, ist die Zielsetzung der Analyse zu berücksichtigen. Aus der graphischen Darstellung erkennt man neben dem Vorhandensein einer saisonalen Komponente auch, ob eine der angegebenen Trendfunktionen sinnvollerweise angepaßt werden kann.

BEISPIELE

1) Die Tabelle enthält die Zahl der Lebendgeborenen zwischen 1970 und 1976.

Jahr	1970	1971	1972	1973	1974	1975	1976
Zahl der Geburten (in 1000)	112.3	108.5	104.0	98.0	97.4	93.8	87.4

(a) Die Zeitreihe ist graphisch darzustellen.
Sie ist in der Abbildung als ausgezogener Polygonzug dargestellt.

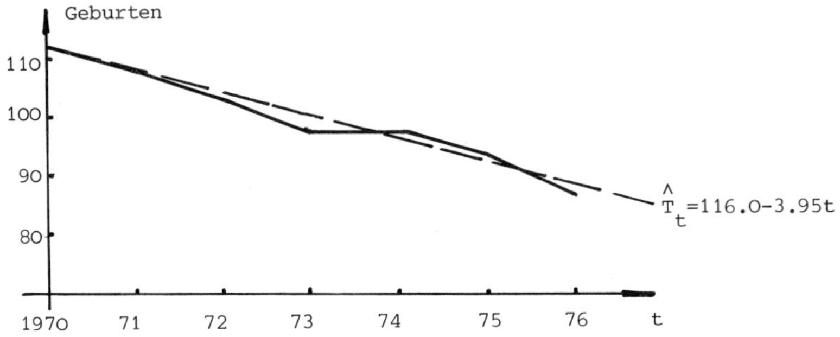

Abb.6: Zahl der Lebendgeborenen (in 1000).

(b) Mittels der Methode der kleinsten Quadrate sind die Koeffizienten einer linearen Trendfunktion zu schätzen.
Die Trendfunktion lautet (mit t = Jahr weniger 1969):

$$T_t = a + b \cdot t$$

Die Berechnung der Koeffizienten der Normalgleichungen kann durch folgendes Schema erleichtert werden:

Y_t	t	t^2	$t \cdot Y_t$
112.3	1	1	112.3
108.5	2	4	217.0
104.0	3	9	312.0
98.0	4	16	392.0
97.4	5	25	487.0
93.8	6	36	562.8
87.4	7	49	611.8
701.4	28	140	2694.9

Die Normalgleichungen sind daher gegeben durch:

$$7\hat{a} + 28\hat{b} = 701.4$$
$$28\hat{a} + 140\hat{b} = 2694.9$$

Als Lösung dieses Gleichungssystems ergeben sich

$$\hat{a} = 116.0, \ \hat{b} = -3.95 \quad .$$

Die angepaßte Trendfunktion lautet somit:

$$\hat{T}_t = 116.0 - 3.95 \cdot t \quad .$$

Sie ist in obiger Abbildung als unterbrochen gezeichneter Polygonzug dargestellt.

(c) Auf der Basis dieses Modells sind Prognosewerte für die Zahl der Lebendgeborenen in den Jahren 1977 und 1978 zu berechnen.

$$\hat{Y}_{1977} = \hat{T}_8 = 116.0 - 3.95 \cdot 8 = 84.4$$
$$\hat{Y}_{1978} = \hat{T}_9 = 80.45$$

Die tatsächlichen Werte betrugen 85.6 und 85.4 .

2) Für die obigen Angaben sind die Trendkomponenten zu bestimmen:
   a) aus der oben ermittelten Trendfunktion
   b) als 3-gliedrig gleitende Durchschnitte

Jahr	1970	1971	1972	1973	1974	1975	1976
a)	112.1	108.1	104.2	100.2	96.3	92.3	88.4
b)	---	108.3	103,5	99.8	96.4	92.9	---

3) Die Tabelle enthält in der Spalte Y_t die Reihe 'Privater Konsum, total' in Quartalswertes (nominelle Werte in Mrd.S).

Jahr	Quartal	Y_t	t	$Y_t^{(4)}$	d_t	Y_t^*
1971	1	48.1	1			55.6
	2	54.8	2			57.3
	3	60.8	3	58.5	2.3	59.5
	4	66.5	4	60.2	6.3	57.8
1972	1	55.5	5	62.1	-6.6	63.0
	2	61.3	6	64.6	-3.3	63.8
	3	69.3	7	66.8	2.5	68.0
	4	78.2	8	68.7	9.5	69.5
1973	1	61.6	9	70.4	-8.8	69.1
	2	70.4	10	72.1	-1.7	72.9
	3	73.7	11	74.6	-0.9	72.4
	4	87.4	12	77.1	10.3	78.7
1974	1	72.5	13	79.6	-7.1	80.0
	2	79.5	14	82.0	-2.5	82.0
	3	84.1	15			82.8
	4	96.4	16			87.7

a) Die Zeitreihe ist graphisch darzustellen.
Sie ist in der Abbildung als ausgezogener Polygonzug dargestellt.

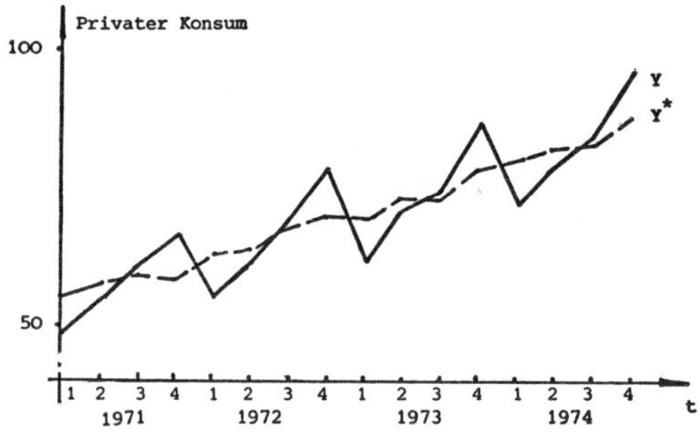

Abb.7: Privater Konsum total (in Mrd.S).

b) Die Werte der saisonalen Komponente für die vier Quartale sind zu schätzen.
Die Ergebnisse der Berechnung der gleitenden Durchschnitte $Y_t^{(4)}$ und der Abweichungen d_t sind in obiger Tabelle eingetragen. Für die durchschnittliche Abweichung $\bar{d}_\lambda$ ergibt sich:

$$\bar{d}_1 = \frac{1}{3}(-6.6 - 8.8 - 7.1) = -7.5$$
$$\bar{d}_2 = -2.5$$
$$\bar{d}_3 = 1.3$$
$$\bar{d}_4 = 8.7$$

Da $\Sigma\bar{d}_i = 0$, ist eine Adjustierung nicht notwendig:

$$\hat{S}_i = \bar{d}_i \ .$$

c) Die Reihe Y_t ist zu desaisonalisieren und in die Graphik aus a) einzutragen.
Die Y_t^* sind in obiger Abbildung als unterbrochen gezeichneter Polygonzug dargestellt.

d) Der private Konsum, total, ist für die vier Quartale des Jahres 1975 zu prognostizieren. Die tatsächlichen Werte betrugen 81.2, 86.6, 93.4, und 107.4 .

Zur Extrapolation der Trendkomponente wird die desaisonalisierte Reihe $Y_t^* \doteq T_t + U_t$ durch eine lineare Trendfunktion dargestellt:

$$\hat{Y}_t^* = 52.16 + 2.10 \cdot t$$

Die Prognosewerte ergeben sich zu

$$\hat{Y}_{17} = \hat{Y}_{17}^* + \hat{S}_1 = 87.8 - 7.5 = 80.4$$

$$\hat{Y}_{18} = 87.5, \ \hat{Y}_{19} = 93.4 \ \text{und} \ \hat{Y}_{20} = 102.9 \quad .$$

Alternativ kann man eine lineare Trendfunktion durch die $Y_t^{(4)} = \hat{T}_t$ legen und diese Funktion extrapolieren. Dann erhält man mit $\hat{Y}_t^{(4)} = 51.7 + 2.12 \cdot t$ die Prognosewerte.

$$\hat{Y}_{17} = \hat{Y}_{17}^{(4)} + \hat{S}_1 = 80.2 \quad ,$$

$$\hat{Y}_{18} = 87.4 \quad , \ \hat{Y}_{19} = 93.3 \ \text{und} \ \hat{Y}_{20} = 102.8 \quad .$$

e) Der private Konsum ist für das gesamte Jahr 1975 zu prognostizieren. Der tatsächliche Wert betrug 368.6 .
Als Prognosewerte $\hat{Y}_{1975}$ kann man die Summe der prognostizierten Quartalswerte

$$\sum_{1975} \hat{Y}_t^* = 364.2$$

$$\Sigma \hat{Y}_t^{(4)} = 369.3$$

oder die Extrapolation der linearen Trendfunktion der Jahreswerte (t = 5 für 1975)

$$\hat{Y}_{1975} = 196.1 + 33.6 \cdot t = 364.0$$

4) Der monatliche Absatz (in Tausend S) eines Markenartikels zeigt in der Einführungsphase folgenden Wachstumsverlauf:

t	1	2	3	4	5	6
Y_t	6.7	11.0	25.8	52.9	105.5	181.0

a) Die Reihe ist graphisch darzustellen.

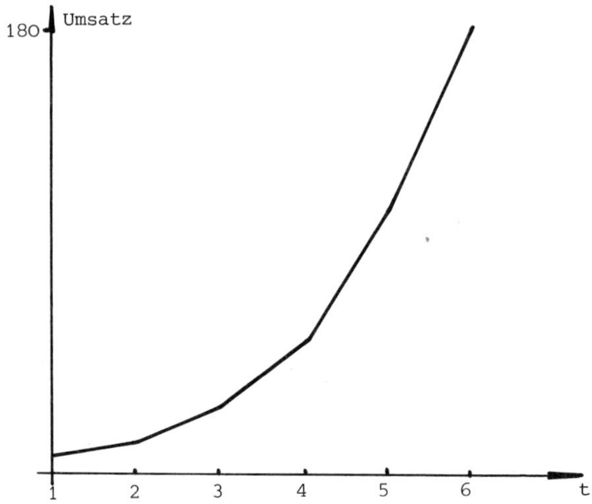

Abb. 8: Monatlicher Umsatz eines Markenartikels (in 1000 S).

b) Die Koeffizienten der exponentiellen Trendfunktion

$$T_t = a \cdot e^{bt}$$

sind mittels der Methode der kleinsten Quadrate zu schätzen.

Durch Logarithmieren erhält man eine lineare Trendfunktion:

$$T_t^* = \ln T_t = \ln a + bt = \alpha + \beta t$$

$\ln Y_t$	t	t^2	$t \cdot \ln Y_t$
1.90	1	1	1.90
2.40	2	4	4.80
3.25	3	9	9.75
3.97	4	16	15.87
4.66	5	25	23.29
5.20	6	36	31.19
21.38	21	91	86.80

Die Schätzwerte für die Parameter α, β ergeben sich zu:

$\hat{\alpha} = 1.16$

$\hat{\beta} = 0.686$

Die angepaßte Trendfunktion lautet:

$$\hat{T}_t = e^{1.16} \cdot e^{0.686 \cdot t} = 3.19 \cdot e^{0.686 \cdot t}$$

c) Der Prognosewert für das nächstfolgende Monat ist zu errechnen.

$$\hat{Y}_t = 3.19 \cdot e^{0.686 \cdot 7} = 388.4 \quad .$$

ÜBUNGSAUFGABEN

1) Die Zahl der immatrikulierten Hörer der Wirtschaftsuniversität Wien betrug in den Jahren 1950 bis 1963 in Tausend (Stand Wintersemester):

Jahr	Z.d.Hörer	Jahr	Z.d.Hörer
1950	1.59	1957	2.67
1951	1.70	1958	2.99
1952	1.69	1959	3.24
1953	1.76	1960	3.72
1954	2.06	1961	3.81
1955	2.11	1962	4.30
1956	2.18	1963	4.85

a) Die Daten sind graphisch darzustellen.

b) Mittels Methode der kleinsten Quadrate sind die Konstanten der Trendfunktion (t=1 für 1950)

(i) $T_t = a + b \cdot t$ L: $0.903 + 0.248t$

(ii) $T_t = a + b \cdot t + c \cdot t^2$ L: $1.583 - 0.007t + 0.017t^2$

zu schätzen. Die Werte der Trendfunktion sind graphisch darzustellen.

c) Mit Hilfe der beiden Trendfunktionen sind 2 Prognosewerte für die Zahl der immatrikulierten Hörer im Jahr 1964 zu prognostizieren (der tatsächliche Wert betrug 4.82).

L: (i) 4.62
(ii) 5.30

2) Die Trendkomponenten (Aufg.1) sind mittels Methode der Gleitenden Durchschnitte zu bestimmen und in einer graphischen Darstellung den angegebenen Werten gegenüberzustellen.

a) 3 Summanden L: 1.65,1.72,...,4.32

b) 5 Summanden L: 1.76,1.86,...,3.98

3) Die Trendkomponenten der Reihe

23, 17, 14, 9, 13, 16, 22, 29, 34, 40, 33, 27, 24, 18

sind mittels Gleitender Durchschnitte von

a) 3 Summanden L: 18.0,13.3,...,28.0,23.0

b) 6 Summanden L: 15.3,...,30.3

zu bestimmen und in einer graphischen Darstellung den gegebenen Daten gegenüberzustellen.

4) Zu den Daten aus Kap.1, Aufg.2 sind die saisonalen Komponenten für die einzelnen Monate zu bestimmen.

L: -2.7,-3.2,5.1,4.2,0.4,-2.1,-2.6,-2.9,-0.9,0.3,5.4,-1.0

(für $\hat{S}_{\text{Jänner}}, \ldots, \hat{S}_{\text{Dezember}}$).

5) Für die Daten aus Beispiel 3 ist

a) eine lineare Trendfunktion auf der Basis der (nicht um die saisonalen Komponenten bereinigten) Beobachtungen Y_t zu bestimmen. L: $49.5 + 2.41t$

b) Die Residua $Y_t - \hat{Y}_t$, t=1,...,16 sind graphisch darzustellen.

c) Die den 4 Quartalen entsprechenden mittleren Residua sind zu bestimmen und den im Bsp.3 erhaltenen saisonalen Komponenten gegenüberzustellen. L: -7.0,-2.3,0.8,8.5

6) Die Daten aus Kap.1, Aufg.3 sind zu Quartalswerten zu aggregieren.
   a) Die Zeitreihe ist graphisch darzustellen.
   b) Die Quartalskomponenten sind mittels der Methode der Gleitenden Durchschnitte zu bestimmen. L: -8.1,3.2,-16.0,20.9
   c) Eine lineare Trendfunktion ist für die Zeitreihe zu ermitteln. L: $44,85 + 1.34 \cdot t$
   d) Die Quartalsumsätze und der Jahresumsatz für das Jahr nach dem Beobachtungszeitraum sind zu prognostizieren, wobei die in c) erhaltene Trendfunktion zu extrapolieren ist.
   L: 64.9,77.6,59.8,98.0; 300.3

7) In den Jahren 1958 bis 1978 wurden folgende Zahlen von Wohneinheiten fertiggestellt:
   31.6,40.7,48.0,56.6,27.5,13.7,9.6,15.2,53.7,68.6,75.4,
   83.2,114.1,88.7,91.7,89.8,99.5,108.5,91.0,84.6,98.6 .
   a) Die Zeitreihe ist graphisch darzustellen.
   b) Für die Reihe ist eine lineare Trendfunktion zu ermitteln.
   L: $19.5 + 4.25t$
   c) Für die Reihe ist die quadratische Trendfunktion $T_t = a + bt + ct^2$ zu bestimmen. L: $18.48 + 4.52t - 0.013t^2$
   d) Für die Reihe ist eine exponentielle Trendfunktion zu bestimmen. L: $22.91 \cdot e^{0.079t}$

Kapitel 4
Grundaufgaben der Wahrscheinlichkeitsrechnung

4.1 Ereignisse

Im folgenden werden Vorgänge betrachtet, deren Ausgang vom Zufall abhängt (Zufallsexperimente, kurz "Experimente" genannt).

> *Def.26: Menge der Elementarereignisse* $E = \{e_1, \ldots, e_n, \ldots\}$ *ist die Menge aller möglichen, voneinander verschiedenen Ausgänge eines Zufallsexperimentes. Ereignisse sind Teilmengen von E.*

Bsp.18: Experiment: Wurf eines Würfels:
$E = \{'1', '2', '3', \ldots, '6'\}$
A_1: es wird eine gerade Zahl geworfen.
$A_1 = \{'2','4','6'\} \subset E$.
A_2: es wird eine durch drei teilbare Zahl geworfen.
$A_2 = \{'3','6'\} \subset E$.

Bsp.19: Experiment: Zufällige Auswahl eines Elementes einer Warensendung und Prüfung auf Defekt, wobei der Vorgang dreifach wiederholt wird.
E = {'kein defektes Stück','1. Stück defekt, 2. und 3. Stück ok',...,'alle defekt'} =
$= \{'000','100',\ldots,'111'\} = \{e_1,\ldots,e_8\}$.
B_1: alle geprüften Stücke sind ok: $B_1 = \{e_1\}$.
B_2: ein oder mehrere Stücke sind defekt:
$B_2 = \{e_2,\ldots,e_8\}$.

Auf Ereignisse können Mengenoperationen (Komplement, Vereinigung, Durchschnitt) angewendet werden, so daß sich wieder Ereignisse ergeben (siehe Tafel 1). Diese Mengenoperationen können auf Operationen zwischen mehr als zwei Mengen verallgemeinert werden.

Ereignis	Darstellung in Symbolen der Mengenalgebra	Anmerkungen	Beispiel (vergl. Bsp.18) $E=\{'1','2','3','4','5','6'\}$ $A_1 = \{'2','4','6'\}$ $A_2 = \{'3','6'\}$
$A \subset E$ tritt <u>nicht</u> ein	$A^c = E - A$	komplementäres Ereignis	$A_1^c = \{'1','3','5'\}$
$A \subset E$ tritt sicher ein	$A = E$	sicheres Ereignis	irgendeine Zahl wird mit Sicherheit geworfen
$A \subset E$ tritt <u>sicher nicht</u> ein	$A = E^c = \emptyset$	unmögliches Ereignis	
$A_1 \subset E$ <u>und</u> $A_2 \subset E$ treten gemeinsam ein	$A_1 \cap A_2$ oder $A_1 A_2$ oder A_1, A_2		$A_1 \cap A_2 = \{'6'\}$
$A_1 \subset E$ <u>oder</u> $A_2 \subset E$ treten ein (nicht ausschliessendes oder)	$A_1 \cup A_2$ (oder $A_1 + A_2$)	eines der Ereignisse $A_1 \cap A_2^c$ oder $A_1 \cap A_2$ oder $A_1^c \cap A_2$ tritt ein	$A_1 \cup A_2 = \{'2','3','4','6'\}$

Tafel 1: Verknüpfungen von Ereignissen.

4.2 Wahrscheinlichkeiten

Def.27: Axiome (Kolmogoroff, 1933)

$P(A) \geq 0$ für jedes beliebige Ereignis A ;

$P(E) = 1$, d.h., dem sicheren Ereignis (E) wird die Wahrscheinlichkeit 1 zugeordnet;

$P(A_1 \cup A_2 \cup \ldots) = P(A_1) + P(A_2) + \ldots$

wenn die sonst beliebigen Ereignisse $A_1, A_2, \ldots$ einander paarweise ausschließen, d.h. $A_i \cap A_j = \emptyset$ für alle $i \neq j$, wobei $\emptyset$ die leere Menge ist (Additivität der Wahrscheinlichkeiten).

Aus den Axiomen folgt unmittelbar

Satz 28: Wahrscheinlichkeit des unmöglichen Ereignisses: $P(\emptyset) = 0$.

Im folgenden werden Möglichkeiten behandelt, den numerischen Wert einer Wahrscheinlichkeit zu bestimmen.

Klassischer Wahrscheinlichkeitsbegriff (Laplace, 1812)

Voraussetzung: es gibt eine nur endliche Menge E von n(E) gleichwahrscheinlichen Elementarereignissen. Für jedes e_i, i=1,...,n gilt:

$$P(\{e_i\}) = \frac{1}{n} \quad .$$

Bsp.2o: Beim Roulette haben alle möglichen Ausgänge '0',...,'36' gleiche Chance, realisiert zu werden ("ideales" Rad).

> *Def.29:* <u>*Klassischer Wahrscheinlichkeitsbegriff:*</u>
>
> *Für ein beliebiges Ereignis $A \subset E$ gilt:*
>
> $$P(A) = \sum_{e_i \in A} P(\{e_i\}) = \frac{\text{Anzahl der Elemente in } A}{\text{Anzahl der Elemente in } E} = \frac{n(A)}{n(E)}$$
>
> *wobei $n(A)$ die Anzahl der Elemente in A ist.*

Man sagt auch, n(A) ist die Zahl der für A günstigen Ausgänge.

Bsp.21: Vergl. Bsp.18: $E = \{'1', \ldots, '6'\}$

a) $P(A_2) = \frac{n(\{'3','6'\})}{n(E)} = \frac{2}{6}$

b) $P(A_1 \cup A_2) = \frac{n(\{'2','3','4','6'\})}{n(E)} = \frac{4}{6}$

Die so definierten Wahrscheinlichkeiten erfüllen die in Def.27 angegebenen Axiome. Numerische Werte der Wahrscheinlichkeiten können mittels kombinatorischer Methoden ermittelt werden.

<u>Statistischer Wahrscheinlichkeitsbegriff</u> (Von Mises, 1931)

Voraussetzung: Ein Experiment - etwa der Wurf eines Würfels oder die Verwendung eines bestimmten Düngemittels - kann wiederholt ausgeführt werden, wobei die Ergebnisse der verschiedenen Ausführungen einander nicht beeinflussen (unabhängige Wiederholungen).

Def.3o: Statistischer Wahrscheinlichkeitsbegriff:

Für ein beliebiges Ereignis A wird P(A) als ein 'Grenzwert' der relativen Häufigkeit h(A) des Auftretens von A unter n Wiederholungen definiert, wobei $n \to \infty$.

Bei endlicher Wiederholungszahl kann die relative Häufigkeit als approximativer Wert einer unbekannten Wahrscheinlichkeit verwendet werden.

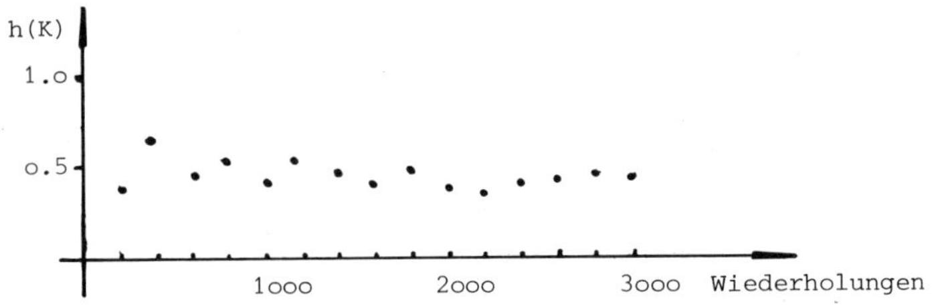

Abb. 9 : Relative Häufigkeit h(K), mit der unter n Würfen einer Münze Kopf (K) erzielt wird.

Auch relative Häufigkeiten erfüllen die in Def.27 angegebenen Axiome.

Subjektiver Wahrscheinlichkeitsbegriff (Savage, 1954)

Für beliebige Ereignisse - etwa eine mögliche Reaktion der Konkurrenz auf eine Preisänderung - können auf der Basis der persönlichen Überzeugung Wahrscheinlichkeiten bestimmt werden. Sie können aus den Wettquoten in einer fairen Wette abgeleitet werden, mit denen jemand auf das Eintreten eines Ereignisses setzt.

Für eine faire Wette gilt:

Erwarteter Gewinn = O .

Jemandem scheint es angemessen, bei Eintreten von A a Einheiten zu gewinnen, wenn er bei Nichteintreten von A seinen Einsatz von b Einheiten verliert (Quote a : b oder $\frac{a}{b}$: 1). Für den erwarteten Gewinn gilt:

$$a \cdot P(A) + (-b) \cdot P(A^c) = 0 \quad .$$

Daraus ergibt sich die - subjektive - Wahrscheinlichkeit

$$P(A) = \frac{b}{a+b} \quad .$$

Bsp.22: Jemand bietet seinem Wettpartner den 1o-fachen Einsatz für das Ereignis, daß der Ski-Rennfahrer Franz K. noch jemals eine Weltcup-Abfahrt gewinnt. Der Anbieter der Wette ist der Überzeugung, daß

$$P(\text{Franz K. gewinnt } \ldots) = \frac{1}{10+1} = 0.091 \quad .$$

Unter geeigneten Voraussetzungen erfüllen subjektive Wahrscheinlichkeiten die Axiome aus Def.27.

4.3 Rechenregeln für Wahrscheinlichkeiten

(a) Wahrscheinlichkeit des komplementären Ereignisses

Satz 31:	$P(A^c) = 1 - P(A) \quad .$

Bsp.23: X = Zahl der defekten unter den drei geprüften Stücken

$B_1 = \{X=0\}$, $B_2 = \{1 \leq X \leq 3\} = \{X > 0\}$

$P(B_1) = P(X=0) = 1 - P(X > 0) = 1 - P(B_1^c) = 1 - P(B_2)$

(b) Multiplikationssatz

Def.32: Bedingte Wahrscheinlichkeit

A_1, A_2 seien zwei beliebige Ereignisse.
Die bedingte Wahrscheinlichkeit von A_1, wenn A_2 eingetreten ist,

$$P(A_1|A_2) = \frac{P(A_1 \cap A_2)}{P(A_2)} \quad , \quad (P(A_2) \neq 0) \quad .$$

Bsp.24: Ein Patientenkollektiv wird nach zwei Merkmalen klassifiziert:

Raucher	Hustenanfälle ja	Hustenanfälle nein	Σ
ja	1169	427	1596
nein	41	330	371
Σ	1210	757	1967

Ein Patient wird zufällig ausgewählt
A_1: er ist Raucher
A_2: er hat Hustenanfälle

$$P(A_1|A_2) = \frac{n(A_1 \cap A_2)/n(E)}{n(A_2)/n(E)} = \frac{n(A_1 \cap A_2)}{n(A_2)} = \frac{1169}{1210} = 0.97$$

Satz 33: Multiplikationssatz für zwei beliebige Ereignisse A_1, A_2

$$P(A_1 \cap A_2) = P(A_1|A_2) \cdot P(A_2) = P(A_2|A_1) \cdot P(A_1) \quad .$$

Bsp.25: Ein zufällig ausgewählter Patient (vergl. Bsp.24) hat Hustenanfälle und ist Raucher:

$$P(A_1 \cap A_2) = P(A_1|A_2) \cdot P(A_2) = \frac{1169}{1210} \cdot \frac{1210}{1967} = \frac{1169}{1967} = 0.59$$

Satz 34: Multiplikationssatz für beliebige Ereignisse

$A_1, A_2, \ldots$:

$$P(A_1 \cap A_2 \cap A_3 \cap \ldots) = P(A_1) \cdot P(A_2 | A_1) \cdot P(A_3 | A_1 \cap A_2) \cdot \ldots .$$

Bsp.26: Aus einer Urne mit zehn Losen, von denen eines gewinnt, werden drei gezogen

A_i: im i-ten Versuch wird ein Los gezogen, das nicht gewinnt

P(das Gewinnlos wurde nicht gezogen) =

$$= P(A_1 \cap A_2 \cap A_3) = P(A_1) \cdot P(A_2 | A_1) \cdot P(A_3 | A_1 \cap A_2) =$$

$$= \frac{9}{10} \cdot \frac{8}{9} \cdot \frac{7}{8} = \frac{7}{10} = 0.7$$

Def.35: Zwei Ereignisse A_1 und A_2 sind unabhängig, wenn

$$P(A_1 | A_2) = P(A_1) \quad \text{bzw.} \quad P(A_2 | A_1) = P(A_2) \quad .$$

Satz 36: Multiplikationssatz für unabhängige Ereignisse

A_1, A_2 seien unabhängige, sonst beliebige Ereignisse; es gilt:

$$P(A_1 \cap A_2) = P(A_1) \cdot P(A_2) \quad .$$

Bsp.27: Ein Würfel wird zweimal geworfen

A_1: '6' im ersten Versuch,

A_2: '6' im zweiten Versuch

$$P(A_1 \cap A_2) = P(A_1) \cdot P(A_2) = \frac{1}{6} \cdot \frac{1}{6} = 0.028 \quad .$$

(c) Additionssatz

> *Satz 37: Additionssatz für beliebige Ereignisse A_1, A_2*
>
> $$P(A_1 \cup A_2) = P(A_1) + P(A_2) - P(A_1 \cap A_2) \text{ .}$$

Bsp.28: P(eine durch 2 oder 3 teilbare Zahl zu würfeln) =

$$= P(A_1 \cup A_2) = P(A_1) + P(A_2) - P(A_1 \cap A_2) =$$

$$= \frac{3}{6} + \frac{2}{6} - \frac{6}{36} = \frac{4}{6} \text{ .}$$

> *Satz 38: Additionssatz für beliebige Ereignisse A_1, A_2, ...*
>
> $$P(A_1 \cup A_2 \cup A_3 \cup \ldots) =$$
>
> $$= P(A_1) + P(A_1^c \cap A_2) + P(A_1^c \cap A_2^c \cap A_3) + \ldots \text{ .}$$

Es ergibt sich beispielsweise:

$$P(A_1 \cup A_2 \cup A_3) = P(A_1) + P(A_2) + P(A_3) - P(A_1 \cap A_2) - P(A_2 \cap A_3) -$$

$$- P(A_1 \cap A_3) + P(A_1 \cap A_2 \cap A_3) \text{ .}$$

Sind die Ereignisse paarweise disjunkt, d.h. gilt

$$A_i \cap A_j = \emptyset \quad \text{für } i \neq j, \quad i,j = 1,\ldots,3 \text{ ,}$$

so ergibt sich

$$P(A_1 \cup A_2 \cup A_3) = P(A_1) + P(A_2) + P(A_3) \text{ .}$$

Diese Beziehung wird auch Additionssatz für die paarweise disjunkten Ereignisse A_1, A_2, A_3 genannt (siehe auch Axiom 3 in Def.27).

(d) Satz von der totalen Wahrscheinlichkeit

Satz 39: Ereignis A kann gemeinsam mit einem der einander paarweise ausschließenden Ereignisse $B_1, \ldots, B_k$ $(\bigcup_{i=1}^{k} B_i = E)$ eintreten. Dann gilt

$$P(A) = \sum_{i=1}^{k} P(A|B_i) \cdot P(B_i) \quad .$$

Bsp.29: Aus einem Patientenkollektiv (Bsp.24) wird eine Person zufällig ausgewählt

A: der Patient ist Raucher

B: er hat Hustenanfälle

$P(A) = P(A|B) \cdot P(B) + P(A|B^c) \cdot P(B^c) =$

$$= \frac{1169}{1210} \cdot \frac{1210}{1967} + \frac{427}{757} \cdot \frac{757}{1967} = 0.81 \quad .$$

(e) Satz von Bayes

Satz 4o: Unter den Voraussetzungen des Satzes von der totalen Wahrscheinlichkeit gilt:

$$P(B_j|A) = \frac{P(A|B_j) \cdot P(B_j)}{P(A)} = \frac{P(A|B_j) \cdot P(B_j)}{\sum_{i=1}^{k} P(A|B_i) \cdot P(B_i)} \quad .$$

Bsp.3o: Ein zufällig ausgewählter Raucher hat Hustenanfälle

$$P(B|A) = P(A|B) \cdot P(B)/P(A) = \frac{1169}{1210} \cdot \frac{1210}{1967} \; / \; 0.81 = 0.73$$

4.4 Kombinatorische Hilfsmittel

Die Berechnung von Wahrscheinlichkeiten nach dem klassischen Wahrscheinlichkeitsbegriff kann durch Anwendung kombinatorischer Hilfsmittel erleichtert werden.

In der Tafel 2 sind wichtige Formeln zur Berechnung der Anzahl der Konfigurationen von k Elementen (Konfigurationen der Ordnung k) aus einer Menge vom Umfang n angegeben. Ist die Reihenfolge der Elemente für die Unterscheidung der Konfigurationen unerheblich, so spricht man von Kombinationen; andernfalls spricht man von Variationen.

Bsp.31: Aus der Menge {a,b,c} können die folgenden drei Kombinationen der Ordnung 2 gebildet werden:

{a,b} , {a,c} , {b,c} .

Die Menge der Variationen der Ordnung 2 umfaßt folgende sechs Konfigurationen:

(a,b), (a,c), (b,a), (b,c), (c,a), (c,b) .

Können Elemente in der Konfiguration mehrfach vorkommen, so spricht man von Konfigurationen mit Wiederholungen.

Bsp.32: Aus der Menge {a,b,c} lassen sich sechs Kombinationen der Ordnung 2 mit Wiederholungen bilden:

{a,a}, {a,b}, {a,c}, {b,b}, {b,c}, {c,c} .

Die Menge der Variationen der Ordnung 2 mit Wiederholungen umfaßt folgende 9 Konfigurationen:

(a,a), (a,b), (a,c), (b,a), (b,b), (b,c), (c,a), (c,b), (c,c) .

	ohne Wiederholungen	mit Wiederholungen
Kombinationen der Ordnung k	$C_{n,k} = \binom{n}{k} = \frac{n!}{k!(n-k)!} = \frac{n(n-1)\ldots(n-k+1)}{k!}$	$C^{W}_{n,k} = \binom{n+k-1}{k}$
Variationen der Ordnung k	$V_{n,k} = \frac{n!}{(n-k)!} = \binom{n}{k}k! = n(n-1)\ldots(n-k+1)$	$V^{W}_{n,k} = n^{k}$

Tafel 2: Anzahl der Konfigurationen von n Elementen der Ordnung k

4.5 Wahrscheinlichkeits-Bäume

Sie sind ein praktisches Hilfsmittel zur Darstellung der möglichen Ausgänge eines Zufallsexperimentes und zur Ermittlung zugehöriger Wahrscheinlichkeiten.

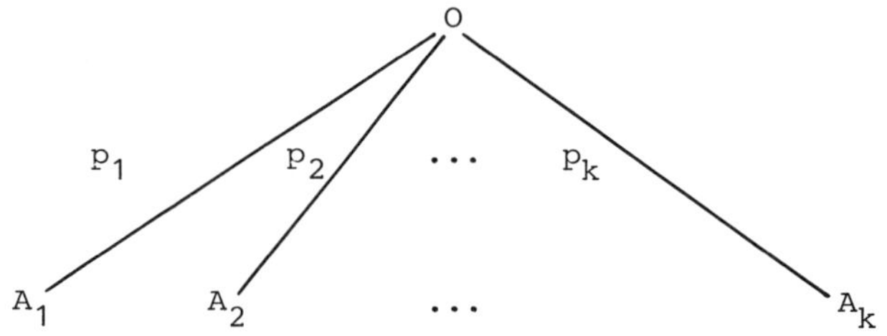

Abb.10: Wahrscheinlichkeitsbaum eines Zufallsexperimentes mit k Ausgängen

Dieser Baum charakterisiert ein Experiment mit den disjunkten Ereignissen $A_1,\ldots,A_k$. Auf den Kanten sind die Wahrscheinlichkeiten $P(A_i) = p_i$ angegeben, wobei $\Sigma p_i = 1$ vorausgesetzt wird. Eine derartige Verzweigung erlaubt die Verwendung des Additionssatzes disjunkter Ereignisse:

$$P(A_i \cup A_j) = p_i + p_j \quad .$$

Ist ein Experiment aus Teilexperimenten zusammengesetzt, so ergibt sich ein mehrstufiger Baum, wie er etwa in Abb.11 dargestellt ist.

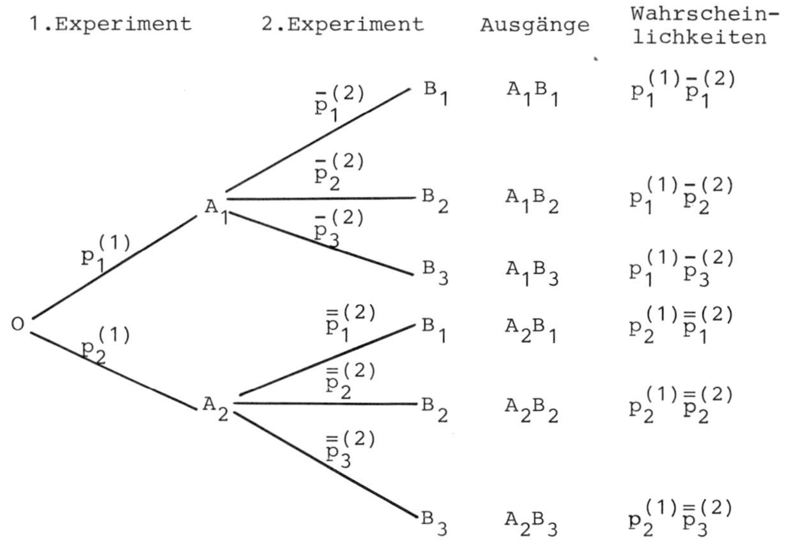

Abb.11: Wahrscheinlichkeitsbaum eines zweistufigen Zufallsexperimentes.

Die Wahrscheinlichkeit $P(A_1B_3) = p_1^{(1)}\bar{p}_3^{(3)}$ für das zusammengesetzte Ereignis A_1B_3 erhält man durch Multiplikation der Wahrscheinlichkeiten, die zu den zum Ausgang A_1B_3 führenden Kanten gehören. Es handelt sich somit um die Anwendung des Multiplikationssatzes. Sind die beiden Experimente unabhängig, d.h. sind die A_i von den B_i unabhängig, so gilt:
$\bar{p}_i^{(2)} = P(B_i|A_1) = P(B_i) = P(B_i|A_2) = \bar{\bar{p}}_i^{(2)}$.

Bsp.33: In einem Behälter befinden sich 1o Werkstücke, davon drei Ausschußstücke.

a) Die Wahrscheinlichkeit ist gesucht, daß eines von zwei zufällig entnommenen Werkstücken Ausschuß ist (<u>Ziehen ohne Zurücklegen</u>).

1.Ziehen 2.Ziehen

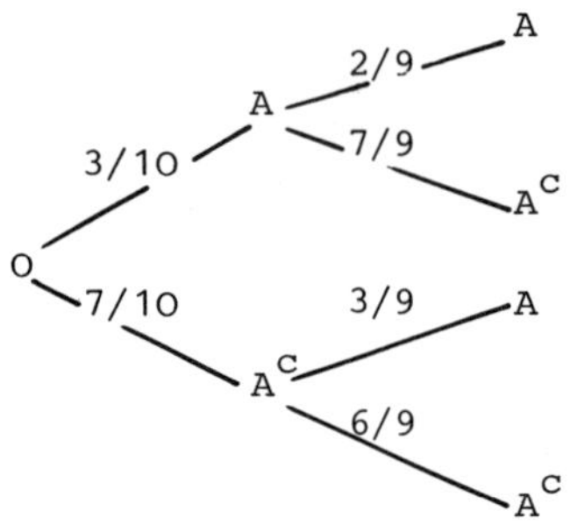

Ausgänge	X = Zahl der Ausschußstücke	Wahrscheinlichkeit
AA	2	$0.0\dot{6}$
AA^c	1	$0.2\dot{3}$
A^cA	1	$0.2\dot{3}$
A^cA^c	0	$0.4\dot{6}$

$P(X=1) = P(AA^c \cup A^cA) = 0.2\dot{3} + 0.2\dot{3} = 0.4\dot{6}$.

b) Wie a) mit Zurücklegen vor dem 2.Ziehen.

1.Ziehen 2.Ziehen

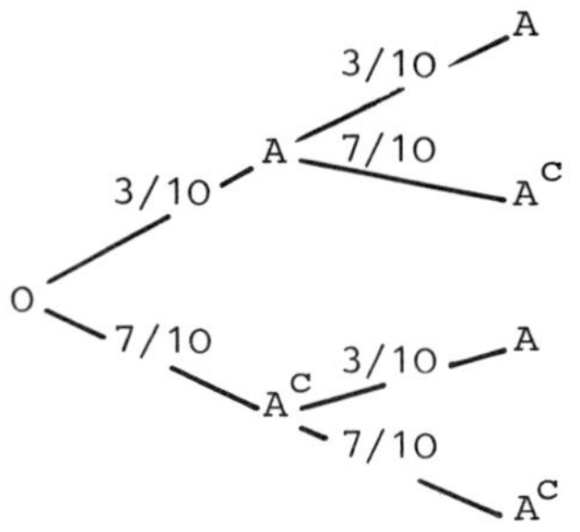

Ausgänge	X	Wahrscheinlichkeit
AA	2	0.09
AA^c	1	0.21
A^cA	1	0.21
A^cA^c	0	0.49

$P(X=1) = 0.21 + 0.21 = 0.42$.

Bsp.34: Der Wahrscheinlichkeitsbaum zum Satz der totalen Wahrscheinlichkeit hat folgendes Aussehen:

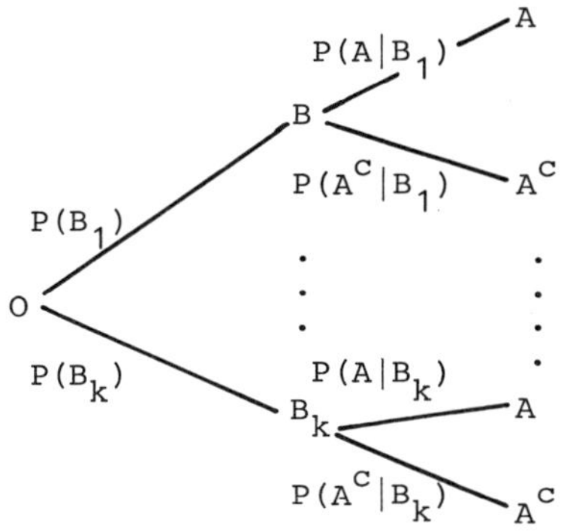

Ausgänge	A tritt ein	Wahrscheinlichkeit
B_1A	ja	$P(B_1)\cdot P(A\mid B_1)$
B_1A^c	nein	$P(B_1)\cdot P(A^c\mid B_1)$
⋮	⋮	⋮
B_kA	ja	$P(B_k)\cdot P(A\mid B_k)$
B_kA^c	nein	$P(B_k)\cdot P(A^c\mid B_k)$

$$P(\text{A tritt ein}) = P(B_1A \cup \ldots \cup B_kA) =$$

$$= \sum_{i=1}^{k} P(A\mid B_i)\cdot P(B_i) \quad .$$

BEISPIELE

1) Zwei Behälter enthalten je vier Kugeln, die mit den Zahlen 0 bis 3 numeriert sind. Aus jedem Behälter wird eine Kugel zufällig gezogen; X = Ziffer der Kugel aus dem ersten Behälter, Y = Ziffer der Kugel aus dem zweiten. Folgende Ereignisse sind definiert:

$A = \{X=3\}$, $B = \{Y=2\}$, $C = \{X\leq 2\}$, $D = \{X\neq Y\}$, $E = \{X+Y=4\}$.

Wahrscheinlichkeitsbaum:

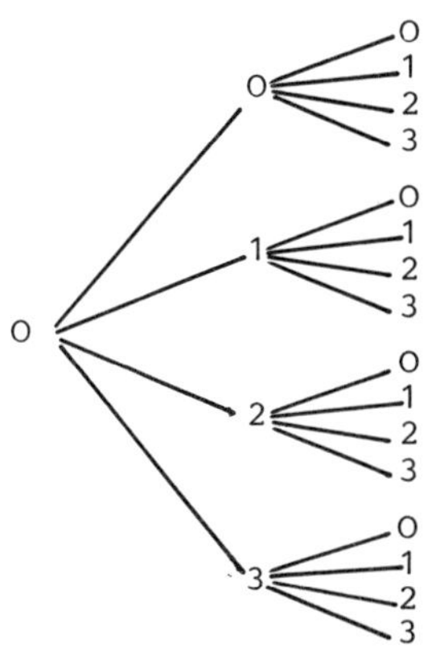

Ausgänge	A	B	C	D	E	Wahrsch.
0 0	−	−	+	−	−	1/16
0 1	−	−	+	+	−	1/16
0 2	−	+	+	+	−	1/16
0 3	−	−	+	+	−	1/16
1 0	−	−	+	+	−	1/16
1 1	−	−	+	−	−	1/16
1 2	−	+	+	+	−	1/16
1 3	−	−	+	+	+	1/16
2 0	−	−	+	+	−	1/16
2 1	−	−	+	+	−	1/16
2 2	−	+	+	−	+	1/16
2 3	−	−	+	+	−	1/16
3 0	+	−	−	+	−	1/16
3 1	+	−	−	+	+	1/16
3 2	+	+	−	+	−	1/16
3 3	+	−	−	−	−	1/16

$P(A) = 1/4$, $P(B) = 1/4$, $P(A \cap B) = 1/16$, $P(C) = 3/4$,

$P(B \cup C) = 3/4 + 1/4 - 3/16 = 13/16$,

$P(D) = 1 - P(X=Y) = 1 - 1/4 = 3/4$,

$$P(E) = P\{(X=1,Y=3) \cup \ldots \cup (X=3,Y=1)\} =$$
$$= P(X=1,Y=3) + \ldots + P(X=3,Y=1) = 3/16 \quad .$$

2) a) Die Ausschußquote einer Produktion betrage 0.10 . Drei Elemente werden aus einer laufenden Produktion zufällig ausgewählt (es wird davon ausgegangen, daß die Qualität eines später ausgewählten Elementes nicht von der Qualität der früher ausgewählten Elemente abhängt).

A_i: das i-te Element ist ein Ausschußstück (i=1,2,3)

X = Zahl der Ausschußstücke unter den gezogenen Elementen

1.Versuch 2.Versuch 3.Versuch

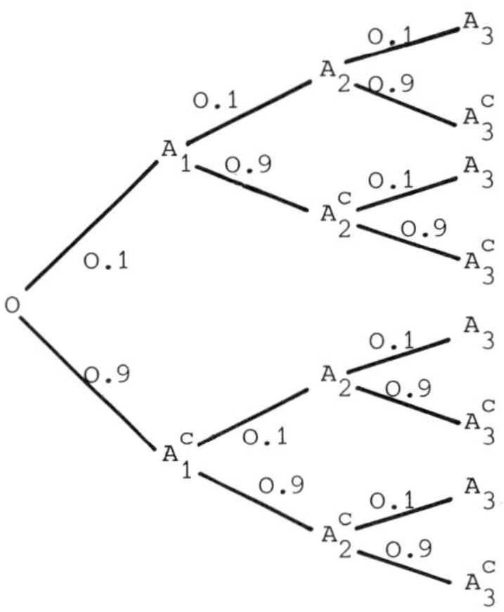

Ausgänge	X	Wahrscheinlichkeit
$A_1A_2A_3$	3	$(0.1)^3 = 0.001$
$A_1A_2A_3^c$	2	$0.1^2 \cdot 0.9 = 0.009$
$A_1A_2^cA_3$	2	$0.1^2 \cdot 0.9 = 0.009$
$A_1A_2^cA_3^c$	1	0.081
$A_1^cA_2A_3$	2	0.009
$A_1^cA_2A_3^c$	1	0.081
$A_1^cA_2^cA_3$	1	0.081
$A_1^cA_2^cA_3^c$	0	$(0.9)^3 = 0.729$

$$P(X=0) = 0.729 =$$
$$= P(A_1^c \cap A_2^c \cap A_3^c) = P(A_1^c)P(A_2^c)P(A_3^c) = 0.9^3$$
$$P(X=1) = 3 \cdot 0.081 = 0.243 =$$
$$= P((A_1^c \cap A_2^c \cap A_3) \cup (A_1 \cap A_2^c \cap A_3^c) \cup (A_1^c \cap A_2 \cap A_3^c)) =$$
$$= \binom{3}{1} \cdot 0.1 \cdot 0.9^2 \quad .$$

b) Drei Elemente werden zufällig aus einem Behälter gezogen, in dem sich zehn Elemente, davon ein Ausschußstück, befinden. A_i und X sind wie in a) definiert.

1.Versuch 2.Versuch 3.Versuch

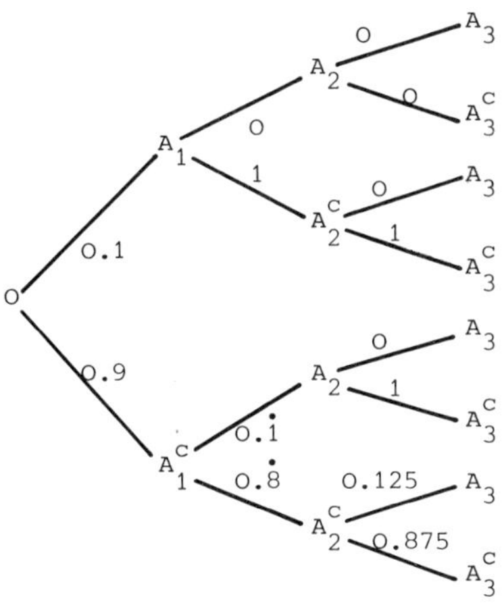

Ausgänge	X	Wahrscheinlichkeit
$A_1A_2A_3$	3	0
$A_1A_2A_3^c$	2	0
$A_1A_2^cA_3$	2	0
$A_1A_2^cA_3^c$	1	0.1
$A_1^cA_2A_3$	2	0
$A_1^cA_2A_3^c$	1	$0.9 \cdot 0.\dot{1} \cdot 1 = 0.1$
$A_1^cA_2^cA_3$	1	$0.9 \cdot 0.\dot{8} \cdot 0.125 = 0.1$
$A_1^cA_2^cA_3^c$	0	$0.9 \cdot 0.\dot{8} \cdot 0.875 = 0.7$

$$P(X=0) = 0.7 = P(A_1^c \cap A_2^c \cap A_3^c) = P(A_1^c)P(A_2^c|A_1^c)P(A_3^c|A_1^c \cap A_2^c) =$$
$$= 0.9 \cdot 0.\dot{8} \cdot 0.875$$

$$P(X=1) = 0.1 \cdot 3 = 0.3 \quad .$$

3) Eine Münze wird so oft geworfen, bis Kopf erscheint.
X = Zahl der notwendigen Würfe
A_i: im i-ten Wurf wird Kopf erzielt

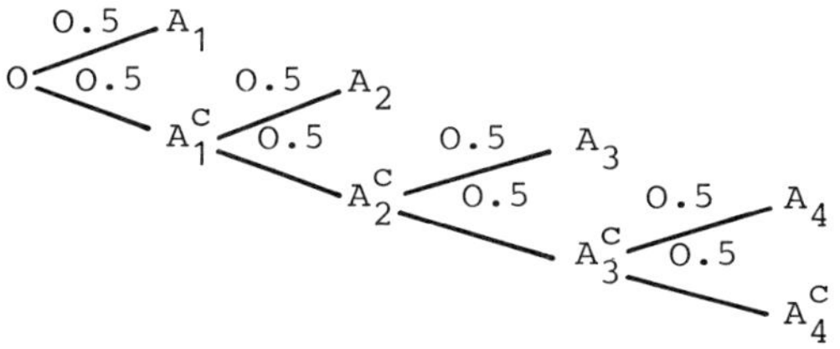

usw.

X	Wahrsch.
1	0.5
2	0.5^2
3	0.5^3
4	0.5^4
⋮	⋮

a) $P(X \geq 5) = 1 - P(X \leq 4) =$
$$= 1 - [P(A_1) + P(A_1^c \cap A_2) + \ldots] =$$
$$= 1 - [0.5 + \ldots + 0.5^4] = 1 - 0.9375 = 0.0625 \quad .$$

b) $P(X \text{ gerade}) = P(A_1^c \cap A_2) + P(A_1^c \cap \ldots \cap A_3^c \cap A_4) + \ldots =$
$$= 0.5^2 + 0.5^4 + \ldots = 0.5^2 \cdot \frac{1}{1-0.25} = 0.\dot{3} \quad .$$

4) Der Anteil der Frauen unter den Beschäftigten eines Unternehmens beträgt 0.5 . In eine Kommission von sechs Mitgliedern wurden nur Männer entsandt. Ist dieses Ergebnis plausibel, wenn angenommen wird, daß jeder Beschäftigte die gleiche Chance hat, entsandt zu werden, oder muß eine Diskriminierung der Frauen vermutet werden?

X = Anzahl der Frauen in der Kommission

Bei Annahme: P(eine entsandte Person ist weiblich) = p = 0.5

$$P(X=0) = (1 - 0.5)^6 = 0.0156 \quad .$$

Bei Annahme: $p < 0.5$: beispielsweise

a) $p = 0.2$

$$P(X=0) = (1 - 0.2)^6 = 0.262 \quad .$$

b) $p = 0.1$

$$P(X=0) = (1 - 0.1)^6 = 0.53 \quad .$$

5) Die Firmen A und B teilen sich den Markt für einen bestimmten Artikel. Die Wahrscheinlichkeit, daß ein Verbraucher von einer zur nächsten Periode von A (von B) nach B (nach A) wechselt, ist 0.3 (0.25). Seine Kaufgewohnheiten in zurückliegenden Perioden seien ohne Einfluß.

A_i: ein Verbraucher konsumiert in der i-ten Periode die Marke A

Wegen der letztgenannten Eigenschaft gilt daher z.B.

$$P(A_i | A_o \cap A_1 \cap \ldots \cap A_{i-1}) = P(A_i | A_{i-1}) = 0.75$$

(Markoff-Eigenschaft). Wegen dieser Eigenschaft gilt auch:

$$P(A_o \cap A_1 \cap A_2 \cap \ldots) = P(A_o) \cdot P(A_1 | A_o) \cdot P(A_2 | A_o \cap A_1) \cdot \ldots =$$
$$= P(A_o) \cdot P(A_1 | A_o) \cdot P(A_2 | A_1) \cdot P(A_3 | A_2) \cdot \ldots$$

Der Wahrscheinlichkeitsbaum hat folgendes Aussehen:

1.Periode 2.Periode 3.Periode etc.

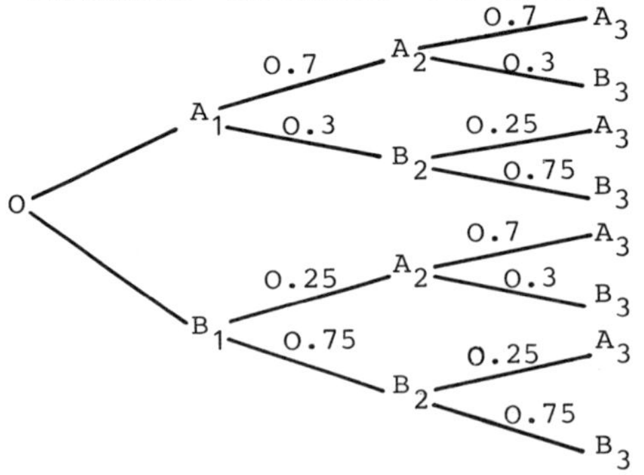

Wegen der Markoff-Eigenschaft kann die im Wahrscheinlichkeitsbaum enthaltene Information auch in folgenden Übergangsdiagrammen zusammengefaßt werden.

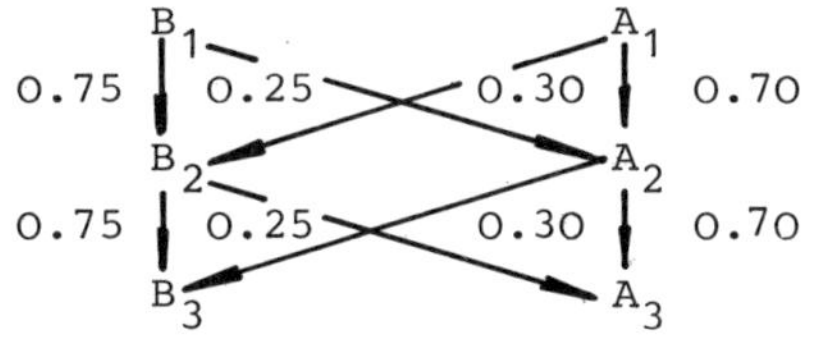

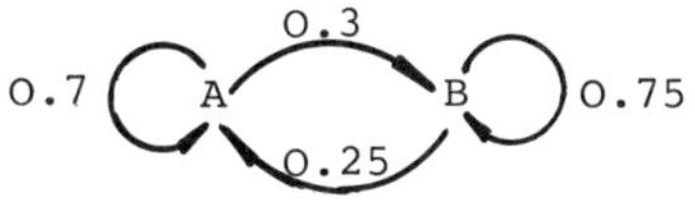

Für den Vektor der Zustandswahrscheinlichkeiten

$$\phi_i = (P(A_i), P(B_i))$$

gilt wegen des Satzes von der totalen Wahrscheinlichkeit

$$\phi_1 = \phi_o U \quad ,$$

wobei die Matrix U der Übergangswahrscheinlichkeiten lautet:

$$U = \begin{bmatrix} P(A_1|A_o) & P(B_1|A_o) \\ P(A_1|B_o) & P(B_1|B_o) \end{bmatrix} \quad .$$

Da U nicht von der Periode abhängt, gilt weiter

$$\phi_i = \phi_{i-1} U = \phi_o U^i \quad .$$

a) Welchen Marktanteil hat A in der nächsten Periode, wenn heute gilt: $\phi_o = (0.1, 0.9)$.

$$\phi_1 = (0.1, 0.9) \begin{bmatrix} 0.7 & 0.3 \\ 0.25 & 0.75 \end{bmatrix} = (0.295, 0.705) \quad .$$

Der Marktanteil von A wächst von 0.1 auf fast 0.3 .

b) Welche Marktanteile ergeben sich nach einer weiteren Periode?

$$\phi_2 = (0.1, 0.9) U^2 = (0.383, 0.617) \quad .$$

c) Mit welcher Wahrscheinlichkeit wechselt ein Konsument von A nach genau k Perioden zur Marke B über?

$$\begin{aligned} P(X=k) &= P(A_o \cap A_1 \cap \ldots \cap A_{k-1} \cap B_k) = \\ &= P(A_o) P(A_1|A_o) P(A_2|A_1) \cdot \ldots \cdot P(B_k|A_{k-1}) = \\ &= 1 \cdot 0.7^{k-1} \cdot 0.3 \quad . \end{aligned}$$

Z.B.: $P(X=3) = 0.147$.

6) Ein Verein mit 15 Mitgliedern bestimmt per Los seinen Präsidenten und seinen Kassier. Mit welcher Wahrscheinlichkeit P(A) wird ein bestimmtes Mitglied X eine dieser Funktionen erhalten?

Das Experiment besteht in der Auswahl von zwei aus der Menge von 15 Mitgliedern, wobei es auf die Reihenfolge ankommt: $n(E) = V_{15,2} = 15 \cdot 14$. Günstige Ausgänge sind davon jene, wo X eines der beiden ausgewählten Elemente ist:
$n(A) = 2 \cdot 14$

$$P(A) = \frac{2 \cdot 14}{15 \cdot 14} = 0.1\dot{3} \quad .$$

7) Mit welcher Wahrscheinlichkeit P(A) haben mindestens zwei der Mitglieder des obigen Vereins den gleichen Geburtstag?

Das Experiment besteht im Feststellen der Geburtstage der 15 Mitglieder. Der Ausgang läßt sich als Variation der Ordnung 15 der Zahlen {1,...,365} darstellen: $n(E) = 365^{15}$. Günstige Ausgänge sind alle jene, wo mindestens zwei der Elemente gleich sind, d.h., alle, ausgenommen jene, wo alle Elemente verschieden sind: $n(A) = n(E) - V_{365,15}$.

Es ergibt sich:

$$P(A) = 1 - \frac{365 \cdot 364 \cdot \ldots \cdot 351}{365^{15}} = 1 - 0.747 = 0.253 \quad .$$

8) In obigem Verein gibt es 6 Frauen und 9 Männer. Mit welcher Wahrscheinlichkeit sitzen in einem per Zufall bestimmten vierköpfigen Ausschuß zwei oder drei Frauen?

X = Zahl der Frauen
$P(X{=}2 \text{ oder } 3) = P(X{=}2) + P(X{=}3) =$

$$= \frac{\binom{6}{2}\binom{9}{2}}{\binom{15}{4}} + \frac{\binom{6}{3}\binom{9}{1}}{\binom{15}{4}} = \frac{15 \cdot 36 + 20 \cdot 9}{1365} = 0.527 \quad .$$

9) Drei Fischer fangen sechs Fische. Es wird angenommen, daß die Fische unterscheidbar sind und zufällig anbeißen.

a) Ein bestimmter Fischer hat drei bzw. fünf der sechs Fische gefangen.

Es gibt $P^W_{3,6} = 3^6$ gleichwertige Möglichkeiten, daß die sechs Fische den drei Fischern zugeordnet werden. Für das fragliche Ereignis sind davon $C_{6,3} \cdot P^W_{2,3} = \binom{6}{3} \cdot 2^3$ bzw. $C_{6,5} \cdot P^W_{2,1} = \binom{6}{5} \cdot 2$ Möglichkeiten günstig. Somit ergibt sich

$$\frac{\binom{6}{3} \cdot 2^3}{3^6} = 0.219 \quad \text{bzw.} \quad \frac{\binom{6}{5} \cdot 2}{3^6} = 0.016 \quad .$$

b) Ein bestimmter Fischer hat mindestens drei bzw. fünf der Fische gefangen.

A_i: der bestimmte Fischer hat i Fische gefangen.

$$P(A_3 \cup A_4 \cup A_5 \cup A_6) = \sum_{i=3}^{6} P(A_i) \quad ,$$

da die Ereignisse einander paarweise ausschließen.
Es ergibt sich:

$$\frac{\binom{6}{3} 2^3 + \binom{6}{4} 2^2 + \binom{6}{5} 2^1 + \binom{6}{6} 2^0}{3^6} = 0.320$$

bzw.

$$\frac{\binom{6}{5} 2 + 1}{3^6} = 0.018 \quad .$$

c) Irgendeiner der Fischer hat drei der sechs Fische gefangen.

A_i: der i-te Fischer hat drei Fische gefangen.

$$P(A_1 \cup A_2 \cup A_3) = P(A_1) + P(A_2) + P(A_3) - P(A_1 \cap A_2) - P(A_1 \cap A_3) -$$
$$- P(A_2 \cap A_3) + P(A_1 \cap A_2 \cap A_3) =$$
$$= 3 \cdot \frac{\binom{6}{3} 2^3}{3^6} - 3 \cdot \frac{\binom{6}{3} \binom{3}{3}}{3^6} + 0 = 0.576 \quad .$$

ÜBUNGSAUFGABEN

Die Wahrscheinlichkeiten der folgenden Ereignisse sind zu berechnen, wobei gegebenenfalls Wahrscheinlichkeitsbäume benützt werden sollen.

1) Beim Wurf zweier Würfel wird eine Summe der Augenzahlen von
   a) 8 — L: 13.9 %
   b) mindestens 8 — L: 41.7 %
   c) höchstens 8 — L: 72.2 %
   erzielt.

2) Beim Wurf von
   a) einem Würfel — L: 83.3 % (16.7 %)
   b) zwei Würfeln — L: 69.4 % (27.7 %)
   c) drei Würfeln — L: 57.9 % (34.7 %)
   wird keine (eine) '6' geworfen.

3) Ein Würfelpaar wird zweimal geworfen; im ersten Wurf wird eine Summe der Augenzahlen höchstens 7, im zweiten Wurf werden keine Augenpaare erzielt.
   L: 48.6 %

4) Das erreichte Lebensalter von 1134 Personen ist tabelliert:

Altersklasse	Zahl der Personen
0 - 19	27
20 - 39	149
40 - 59	451
> 60	507

   a) Eine zufällig ausgewählte Person dieser Population ist mindestens 40 Jahre alt.
   L: 84.5 %
   b) Unter drei zufällig ausgwählte Personen ist eine weniger als 40 Jahre alt geworden.
   L: 33.2 %

5) Auf ein Bücherbrett werden 5 rot- und 3 schwarzgebundene Bücher in zufälliger Reihenfolge gestellt. Die drei schwarzgebundenen kommen nebeneinander zu stehen.
   L: 10.7 %

6) Aus einem Behälter mit 10 numerierten Kugeln werden vier in fallender Folge gezogen (ohne Zurücklegen).
   L: 4.2 %

7) Zehn mit '0' bis '9' numerierte Kugeln werden zufällig angeordnet. Die Nummern '0' bis '2' kommen in dieser Reihenfolge nebeneinander zu liegen.
   L: 1.1 %

8) Ein Würfel wird dreimal geworfen und eine Folge fallender Augenzahlen realisiert.
   L: 9.3 %

9) Von den Personen einer Gesellschaft haben zumindest 2 denselben Geburtstag; die Zahl der Anwesenden ist
   a) 5 — L: 2.7 %
   b) 10 — L: 11.7 %

1o) Es werden fünfstellige Nummern gebildet, beginnend mit 00001. Eine zufällig gezogene Nummer enthält keine gleichen Ziffern.
L: 3o.2 %

11) In einem Behälter befinden sich 24 Kugeln, 8 davon schwarz. Jemand zieht drei nicht-schwarze Kugeln (ohne Zurücklegen).
L: 27.7 %

12) Ein Behälter enthalte unter N Werkstücken M defekte. Von n zufällig dem Behälter entnommenen Stücken sind x defekt.

L: $\dfrac{\binom{M}{x}\binom{N-M}{n-x}}{\binom{N}{n}}$

13) 16 Fußballmannschaften werden in zwei Gruppen zu je 8 gelost. Die beiden stärksten Mannschaften werden
a) in verschiedene Gruppen gelost L: 53.3 %
b) in dieselbe Gruppe gelost. L: 46.7 %

14) Zwei von zehn Losen gewinnen. Unter fünf zufällig gezogenen sind
a) ein Gewinnlos L: 55.6 %
b) mindestens ein Gewinnlos L: 77.8 %
c) beide Gewinnlose L: 22.2 %

15) Das Ereignis A tritt bei Ausführung eines Experimentes mit p = 0.4 ein; das Experiment wird wiederholt, bis A eintritt.
a) Drei Versuche sind notwendig. L: 14.4 %
b) Höchstens drei Versuche sind notwendig. L: 78.4 %

16) Zwei Schützen A und B zielen auf eine Scheibe. Durchschnittlich trifft A bei drei von vier Schüssen, B bei vier von sieben Schüssen. Bei gleichzeitigem Schießen von A und B wird die Scheibe
a) mindestens einmal getroffen L: 89.3 %
b) genau einmal getroffen. L: 46.4 %

17) Zwei Pistolenschützen A und B stehen je zwei Kugeln zur Verfügung. Sie schießen abwechselnd auf eine Glühbirne; A beginnt. Die Trefferwahrscheinlichkeit von A (B) beträgt 1/3 (1/4). A zerstört die Glühbirne.
L: 5o %

18) In einem Korb sind 5 Äpfel, 7 Birnen; im zweiten Korb sind 3 Äpfel und 9 Birnen. Einer der Körbe wird zufällig gewählt und diesem eine zufällige Frucht entnommen; die gezogene Frucht ist eine Birne.
L: 66.7 %

19) Zwei Zündholzschachteln enthalten je zwei abgebrannte und zwei frische Zündhölzer. Aus der ersten Schachtel wird zufällig ein Holz gezogen und in die zweite Schachtel gelegt. Sodann wird aus der zweiten Schachtel ein gutes Holz gezogen.
L: 5o %

2o) In einer Urne befinden sich fünf weiße und sieben schwarze Kugeln. Eine Kugel wird zufällig gezogen und aus einem entsprechenden Vorrat eine Kugel der anderen Farbe in die Urne gelegt. Dieser Vorgang wird wiederholt. Im dritten Versuch wird eine weiße Kugel gezogen.
L: 44.2 %

21) Es wird zufällig eine der Zahlen 1, 2 oder 3 ausgewählt. Die ausgewählte Zahl ist die Zahl der Würfel, die anschließend geworfen werden. Eine Summe der Augenzahlen von 5 wird erzielt.

L: 10.2 %

22) Eine der Zahlen 1,2,...,10 wird zufällig ausgewählt und durch drei geteilt. Beträgt der Rest Ø (1,2), so wird aus Korb A (B, C) eine Frucht zufällig ausgewählt. Jeder der Körbe A, B und C enthält 10 Früchte, darunter 2 (6, 7) Orangen. Eine Orange wird gezogen.

L: 51.0 %

23) In einem Korb sind fünf Äpfel und fünf Birnen, in einem zweiten Korb drei Äpfel und sieben Birnen. Eine der Zahlen 1,....,5 wird zufällig ausgewählt und durch zwei dividiert; beträgt der Rest '0', wird aus dem ersten, sonst aus dem zweiten Korb eine Frucht zufällig gezogen. Die Wahrscheinlichkeit ist anzugeben,

a) eine Birne zu ziehen L: 62.0 %

b) daß eine zufällig gezogene Birne aus dem ersten Korb stammt. L: 32.3 %

24) Ein Test zeigt die tatsächliche Erkrankung mit einer Wahrscheinlichkeit von 0.9 an. Bei Nichterkrankung zeigt er fälschlich die Krankheit mit 0.01 an. Eine Population sei zu 0.2 % erkrankt.

a) Die Wahrscheinlichkeit ist auszurechnen, daß der Test für eine zufällig ausgewählte Person die Krankheit anzeigt.
L: 1.2 %

b) Die Wahrscheinlichkeit, daß die Person, deren Krankheit angezeigt wurde, auch wirklich krank ist, ist auszurechnen.
L: 15.3 %

25) Von einem Produkt wurde in der Fabrik A 5 %, in der Fabrik B 4 % und in der Fabrik C 2 % Ausschuß produziert. Von 100 Schachteln zu je fünf Stück des Produktes stammen 20, 30 bzw. 50 von den Fabriken A, B bzw. C. Ein Stück wird zufällig ausgewählt; wie groß ist die Wahrscheinlichkeit, daß es defekt ist?

L: 3.2 %

26) Ein Stück (Aufg.25) wurde als defekt festgestellt. Wie groß ist die Wahrscheinlichkeit, daß es von

a) Fabrik A L: 31.3 %

b) Fabrik A oder B stammt? L: 68.8 %

27) Studenten wurden auf Eignung getestet. Von den 40 %, die das Studienziel nicht erreichten, hatten 90 % ein negatives Testergebnis. Von jenen, die das Ziel erreichten, hatten 1 % ein negatives Testergebnis. Wie groß ist die Wahrscheinlichkeit, daß ein Student mit negativem Testergebnis das Studienziel erreicht hat?

L: 1.6 %

28) Fünf Spieler ziehen nacheinander eine Kugel aus einem Behälter, in dem sich vier rote und drei weiße Kugeln befinden (ohne Zurücklegen). Der Spieler, der zuerst eine weiße Kugel zieht, ist Gewinner. Der
a) erste L: 42.9 %
b) dritte L: 17.1 %
c) fünfte L: 2.9 %
Spieler gewinnt.

29) Die aus einem zufällig gewählten Korb zufällig gezogene Frucht (Aufg.18) wird in einen dritten Korb gelegt, der vier Äpfel und fünf Birnen enthält. Eine sodann zufällig aus dem dritten Korb gezogene Frucht ist eine Birne.
L: 56.7 %

3o) Jeder der Spieler A, B und C wirft einmal (in dieser Reihenfolge) drei Würfel. Der erste Spieler, der die Augensumme 7 wirft, gewinnt.
a) C gewinnt. L: 6.0 %
b) Keiner der Spieler gewinnt. L: 80.6 %

31) A, B und C werfen in dieser Folge ein Würfelpaar so lange, bis ein Spieler eine Summe der Augenzahlen von fünf wirft und somit gewinnt.
B gewinnt. L: 33.2 %

32) Die Wahrscheinlichkeiten der im Beispiel 3 definierten Ereignisse sind zu berechnen, wobei die geworfene Münze eine nichtideale ist (P{Kopf} = 0.4). L: a) 13 %
b) 37.5 %

33) Drei Schifahrer, darunter Franz K., fahren fünf Abfahrten.
a) Franz K. gewinnt alle Abfahrten. Die Behauptung sei zutreffend, daß er gleich gut wie die beiden anderen fahre, und das Ergebnis nur zufällig zustandegekommen sei.
L: 0.4 %
b) Franz K. hat in Wirklichkeit eine Gewinnchance von 0.8.
L: 32.8 %
c) Die Gewinnchance sei für alle Schifahrer gleich; irgendeiner von ihnen gewinnt alle Rennen. L: 1.2 %
d) Franz K. gewinnt kein Rennen und stellt die in a) angeführte Behauptung auf. L: 13.2 %
e) Franz K. gewinnt kein Rennen und hat nur eine Gewinnchance von 0.1 . L: 59.0 %

34) Die in Beispiel 4) gebildete Kommission soll 10 Mitglieder haben und umfaßt eine Frau.
a) Die Wahrscheinlichkeit für die Nominierung einer Frau sei 0.5 (keine Diskriminierung der Frauen). L: 9.4 %
b) Die Wahrscheinlichkeit für die Nominierung einer Frau sei 0.2, 0.1, 0.03 . L: 39.3%, 35.4%, 15.5%

35) Auf einen Regentag folgt mit p = 0.3 ein Sonnentag, auf einen Sonnentag mit p = 0.25 ein Regentag. Heute ist ein Regentag.
a) Morgen L: 70.0% (30.0%)
b) Übermorgen L: 56.5% (43.5%)
c) Überübermorgen L: 50.4% (49.6%)
ist ein Regentag (Sonnentag).

36) Der Gewinner eines Spieles zwischen A und B gewinnt im nächsten Durchgang wieder mit einer Wahrscheinlichkeit von 2/3. A gewann die erste Partie.
a) A gewinnt die übernächste Partie L: 55.6 %
b) B gewinnt die übernächste Partie L: 44.4 %
c) B gewinnt von den nächsten beiden Partien mindestens eine. L: 55.6 %
d) A gewinnt von den nächsten drei Partien zwei. L: 29.6 %

37) Die Marktanteile m_i (i=1,...,3) der Zahnpastenmarken A, B, C betragen $M_O' = (0.4, 0.2, 0.4)$. Im Laufe eines Jahres behält A 85 % seiner Kunden und verliert an B (C) 5 % (10 %). B behält 75 % und verliert an A (C) 15 % (10 %). C behält 90 % und verliert an A und B je 5 %. Unter Annahme gleicher Kaufgewohnheiten sind die Marktanteile der Marken
a) nach einem Jahr L: (0.39, 0.19, 0.42)
b) nach 2 Jahren L: (0.381, 0.183, 0.436)
zu bestimmen.
c) Eine zufällig ausgewählte Person verwende heute die Marke B. Die Wahrscheinlichkeit ist anzugeben, daß sie nach zwei Jahren die Marke C verwendet. L: 18.0 %

Kapitel 5
Wahrscheinlichkeitsverteilungen

5.1 Zufallsvariable

Menge der Elementarereignisse sei $E = \{e_1, e_2, \dots, e_n\}$.

> *Def. 41:* _Zufallsvariable_ *X ist eine geeignete Abbildung von E in die Menge der reellen Zahlen.* $X: E \to R$

Bsp.35: Wurf eines Würfels, $E = \{e_1, e_2, \dots, e_6\}$

e_i: es wird die Augenzahl 'i' erzielt.

X = Rest bei Division der erzielten Augenzahl durch 3   Y = erzielte Augenzahl

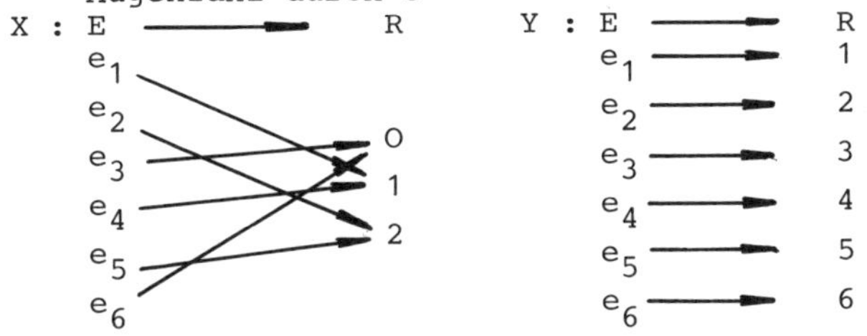

Die Einführung des Begriffes Zufallsvariable gestattet eine einheitliche Beschreibung von Ereignissen und eine vereinfachte rechnerische Behandlung.

Notation: Zufallsvariable werden mit großen, ihre Realisationen mit analogen kleinen lateinischen Buchstaben bezeichnet.

<u>Einteilung der Zufallsvariablen</u>:

<u>Diskrete Zufallsvariable</u>: nimmt höchstens abzählbar viele Werte an.

<u>Stetige Zufallsvariable</u>: kann jeden Wert aus einem Intervall der Zahlengeraden annehmen.

5.2 Wahrscheinlichkeitsverteilungen

(a) Diskrete Zufallsvariable

Def.42: Wahrscheinlichkeitsfunktion ist die Zuordnung

$$f(x) = P(X = x) \quad ,$$

die für alle $x \in R$ definiert ist, die die Zufallsvariable X annehmen kann.

Bsp.36: Wurf eines Würfels
X = Rest bei Division der erzielten Augenzahl durch 3

x	0	1	2
f(x)	1/3	1/3	1/3

Def.43: Verteilungsfunktion:

$$F(x) = P(X \leq x) = \sum_{u \leq x} P(X=u) \quad ;$$

sie ist für $-\infty < x < \infty$ definiert.

Bsp.37: Wie oben

$$F(x) = \begin{cases} 0 & x < 0 \\ 1/3 & 0 \leq X < 1 \\ 2/3 & 1 \leq x < 2 \\ 1 & x \geq 2 \end{cases}$$

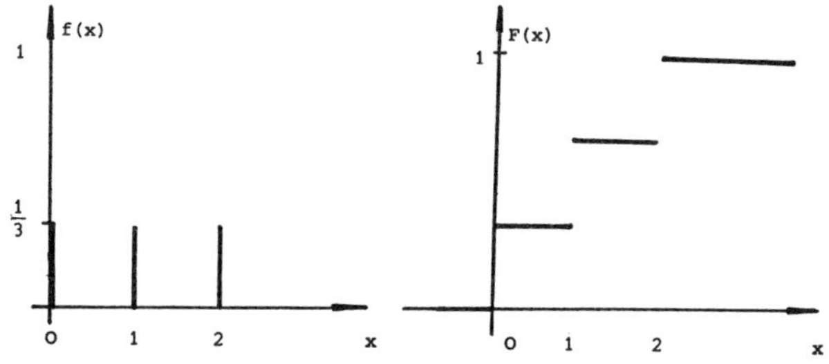

Abb.12: Graphen der Wahrscheinlichkeits- und Verteilungsfunktion von X aus Bsp.36 .

Satz 44: Eigenschaften der Verteilungsfunktion:

a) F(x) ist nicht abnehmend:

$F(x_1) \le F(x_2)$ *für beliebige* $x_1 < x_2$.

b) $\lim_{x \to -\infty} F(x) = 0$.

c) $\lim_{x \to \infty} F(x) = 1$.

F(x) hat die Form einer Treppenfunktion (vergl. Abb.12).

Berechnung von Wahrscheinlichkeiten mit Hilfe der Verteilungsfunktion:

$P(X \le b) = F(b)$

$P(X > a) = 1 - F(a)$

$P(a < X \le b) = F(b) - F(a)$

Bsp.38: Zu den Angaben von Bsp.36 ist zu berechnen:

a) $P(1 < X \le 2) = F(2) - F(1) = 1 - \frac{2}{3} = \frac{1}{3}$.

b) Achtung!

$P(1 \le X \le 2) = P(X=1) + P(1 < X \le 2) =$

$= f(1) + F(2) - F(1) = \frac{2}{3}$.

(b) Stetige Zufallsvariable

X kann in einem Intervall jeden beliebigen Wert annehmen. Die Verteilungsfunktion

$F(x) = P(X \le x)$

ist keine Treppenfunktion wie bei einer diskreten Zufallsvariablen.

Satz 45: Zusätzliche Eigenschaft der Verteilungsfunktion einer stetigen Zufallsvariablen (es gelten Satz 44 a) - c)):

d) F(x) ist eine stetige Funktion, zu der eine Dichtefunktion f(x) existiert .

Def.46: Die Dichtefunktion ergibt sich zu

$$f(x) = \frac{dF(x)}{dx} \quad .$$

Satz 47: Eigenschaften der Dichtefunktion einer stetigen Zufallsvariablen:

a) $f(x) \geq 0 \qquad -\infty < x < \infty$.

b) Die Wahrscheinlichkeit $P(a < X \leq b)$ *entspricht der Fläche unter* $f(x)$ *im Intervall* $(a,b]$:

$$P(a < X \leq b) = \int_a^b f(x)dx = F(b) - F(a) \quad .$$

c) $\int_{-\infty}^{\infty} f(x)dx = 1$.

Bsp.39: X = Verspätung [min] eines Zuges.
Es wird angenommen, daß diese Zufallsvariable im Intervall [0,24] gleichverteilt sei.

a) Dichtefunktion

$$f(x) = \begin{cases} 1/24 & 0 \leq x \leq 24 \\ 0 & \text{sonst} \end{cases}$$

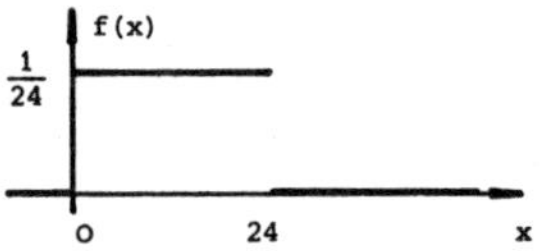

b) Verteilungsfunktion

$$F(x) = \int_{-\infty}^{x} \frac{1}{24}\, du = \begin{cases} 0 & x < 0 \\ x/24 & 0 \leq x < 24 \\ 1 & x \geq 24 \end{cases} \quad .$$

c) $\int_{-\infty}^{\infty} f(x)dx = \int_0^{24} \frac{1}{24}\, dx = 1$.

d) P(ein Zug hat zwischen 8 und 12 Minuten Verspätung) =

$$= \int_8^{12} \frac{1}{24}\, dx = \frac{1}{24} \cdot (12 - 8) = \frac{1}{6}$$

oder

$$P(8 \leq X \leq 12) = P(8 < X \leq 12) =$$

$$= \int_8^{12} f(x)dx = F(12) - F(8) = \frac{12}{24} - \frac{8}{24} = \frac{1}{6} \quad .$$

Beachte: für eine stetige Zufallsvariable X gilt für ein beliebiges x: $P(x < X \leq x) = 0$, und daher

$$P(a < X < b) = P(a \leq X \leq b) \quad .$$

5.3 Parameter (Momente) einer Wahrscheinlichkeitsverteilung

Def.48: *Erwartungswert der Funktion g(X) einer Zufallsvariablen:*

$$E\{g(X)\} = \begin{cases} \sum_x g(x)f(x) & \text{wenn } X \text{ diskret,} \\ \int_{-\infty}^{\infty} g(x)f(x)dx & \text{wenn } X \text{ stetig,} \end{cases}$$

vorausgesetzt, daß die Summe absolut konvergiert, bzw. der Integrand absolut integrierbar ist.

Satz 49: *Eigenschaften des Erwartungswertes:*

a) $E\{c\} = c$, *wenn c eine fixe Größe ist* ($g(X)=c$ *!).*

b) $E\{\sum_{i=1}^{k} a_i g_i(X_i)\} = \sum_{i=1}^{k} a_i \cdot E\{g_i(X_i)\}$, *wenn die* X_i *beliebige Zufallsvariable, die* a_i *beliebige fixe Größen, die* g_i *beliebige Funktionen sind.*

Bsp.4o: $E\{aX + b\} = a \cdot E\{X\} + b$.

Def.5o: *Erwartungswert einer Zufallsvariablen:*

$$\mu = E\{X\} \quad .$$

Bsp.41: a) Der Erwartungswert des Divisionsrestes der erzielten Augenzahl (Bsp.36) ist zu ermitteln:

X = Rest bei Division der erzielten Augenzahl durch 3

$$\mu = \sum_{i=0}^{2} i \cdot \frac{1}{3} = 1 \quad .$$

b) Der Erwartungswert der Verspätung des Zuges ist zu bestimmen:

X = Verspätung des Zuges.

$$\mu = \int_{-\infty}^{\infty} x \cdot f(x)dx = \int_{0}^{24} \frac{x}{24} \cdot dx = \frac{x^2}{48}\bigg|_{0}^{24} = 12 \quad .$$

Def.51: Varianz einer Zufallsvariablen:

$$Var\{X\} = \sigma^2 = E\{(X-\mu)^2\} \;;$$

$\sigma = \sqrt{\sigma^2}$ *heißt Standardabweichung von* X .

Zur praktischen Berechnung macht man meist Gebrauch von der Beziehung

$$E\{(X-\mu)^2\} = E(X^2) - \mu^2.$$

Bsp.42: In Analogie zu Bsp.41) sind die Varianzen der dort definierten Zufallsvariablen zu bestimmen.

a) $\sigma^2 = \sum_{i=0}^{2} i^2 \cdot \frac{1}{3} - 1 = \frac{2}{3}$.

b) $\sigma^2 = \int_0^{24} \frac{x^2}{24}\,dx - 12^2 = \frac{x^3}{3\cdot 24}\Big|_0^{24} - 12^2 = 48$.

Satz 52: Eigenschaften der Varianz:

a) $Var\{c\} = 0$, *wenn c eine fixe Größe ist.*

b) $Var\{\Sigma a_i X_i\} = \Sigma a_i^2 \cdot Var\{X_i\}$, *wenn die* X_i *unabhängige Zufallsvariable, die* a_i *beliebige fixe Größen sind (vergl. Def.55).*

Bsp.43: $Var\{aX + b\} = a^2 \cdot Var\{X\}$.

Satz 53: Standardisieren einer Zufallsvariablen:

Gilt für die Zufallsvariable X: $E\{X\} = \mu$, $Var\{X\} = \sigma^2$, *so gilt für die standardisierte Zufallsvariable*

$$Z = \frac{X-\mu}{\sigma} \;:$$

$$E\{Z\} = 0 \;, \quad Var\{Z\} = 1 \;.$$

> *Satz 54:* *Für eine beliebige Zufallsvariable X mit $E\{X\} = \mu$ und $Var\{X\} = \sigma^2$ gilt die* <u>*Tschebyscheff'sche Ungleichung:*</u>
>
> $$P(|X - \mu| \geq \varepsilon) \leq \frac{\sigma^2}{\varepsilon^2}, \quad \varepsilon > 0$$
>
> *oder*
>
> $$P(|X - \mu| \geq k \cdot \sigma) \leq \frac{1}{k^2}, \quad k > 0 \quad .$$

Bsp.44: X = Verspätung des Zuges (vergl.Bsp.39)

$$k=1: P(|X-12| \geq \sqrt{48}) = 1 - P(12 - \sqrt{48} \leq X \leq 12 + \sqrt{48}) =$$

$$= 1 - \int_{5.07}^{18.93} \frac{1}{24}\, dx \doteq 0.423 < 1.000$$

$$k=1.5: P(|X-12| \geq 1.5 \cdot \sqrt{48}) = 0.134 < 0.444$$

$$k = \frac{12}{\sqrt{48}}: P(|X-12| \geq 12) = 0 < 0.333 \quad .$$

5.4 <u>Mehrere Zufallsvariable</u>

Zur Beschreibung eines Zufallsexperimentes sind häufig mehrere Zufallsvariable nötig.

Bsp.45: a) Das Experiment setzt sich aus mehreren Teilexperimenten zusammen (vergl. Bsp.34)

b) Ein Experiment wird mehrfach ausgeführt (vergl. Kap.4, Beispiel 2a)).

c) Bei der Ausführung eines Experimentes interessieren mehrere Merkmale (es werden extra Körpergröße und -gewicht eines Menschen erhoben).

Einem Experiment seien die Zufallsvariablen $X_1, \ldots, X_n$ zugeordnet.

> *Def.55:* *Die Zufallsvariablen $X_1, \ldots, X_n$ heißen* <u>*unabhängig*</u>*, wenn für beliebige $x_1, \ldots, x_n$ gilt:*
>
> $$P(X_1 \leq x_1, \ldots, X_n \leq x_n) = P(X_1 \leq x_1) \cdot \ldots \cdot P(X_n \leq x_n) \quad .$$

Bsp.46: Zur Beschreibung des Experiments (Kap.4, Bsp.2a)) dienen die Zufallsvariablen X_1, X_2, X_3: die Variable X_1

nimmt den Wert 1 (das erste gezogene Element ist Ausschuß) oder 0 an; analog X_2, X_3. Damit bedeutet beispielsweise $(X_1 \le 0,\ X_2 \le 0,\ X_3 \le 1)$ das Ereignis $(A_1^c A_2^c A_3) \cup (A_1^c A_2^c A_3^c)$. Die Variablen sind unabhängig, weil Def.56 erfüllt ist. Beispielsweise gilt

$$P(X_1 \le 0,\ X_2 \le 0,\ X_3 \le 1) = P\{(A_1^c A_2^c A_3) \cup (A_1^c A_2^c A_3^c)\} =$$
$$= 0.9^2 \cdot 0.1 + 0.9^3 =$$
$$= 0.081 + 0.729 = 0.81$$

$$P(X_1 \le 0) P(X_2 \le 0) P(X_3 \le 1) = 0.9 \cdot 0.9 \cdot 1 = 0.81 \ .$$

Bsp.47: Eine ideale Münze wird wiederholt geworfen

$$X_i = \begin{cases} 0 & \text{wenn im i-ten Wurf Kopf erzielt wird} \\ 1 & \text{wenn im i-ten Wurf Adler erzielt wird} \end{cases}$$

Für die relative Häufigkeit, mit der in n unabhängigen Versuchen Adler erzielt wird, wird die Zufallsvariable Z_n definiert:

$$Z_n = \frac{1}{n} \sum_{i=1}^{n} X_i \quad ;$$

a) $E\{Z_n\} = \frac{1}{n} (E\{X_1\} + \ldots + E\{X_n\}) = 0.5$,

$$\text{da } E\{X_i\} = \sum_{j=0}^{1} j \cdot \frac{1}{2} = 0.5 \quad ;$$

beachte: $E\{X_i\} = E\{Z_n\} = P(X_i = 1)$;

b) $\mathrm{Var}\{Z_n\} = \frac{1}{n^2} (\mathrm{Var}\{X_1\} + \ldots + \mathrm{Var}\{X_n\}) =$

$$= \frac{1}{n^2} \cdot n \cdot 0.25 = \frac{0.25}{n} \ ,$$

da $\mathrm{Var}\{X_i\} = 0.25$;

c) $P(|Z_n - 0.5| \ge \varepsilon) \le \frac{\mathrm{Var}\{Z_n\}}{\varepsilon^2} = \frac{0.25}{n \cdot \varepsilon^2}$;

die Wahrscheinlichkeit von Abweichungen ($\ge \varepsilon$) zwischen der Wahrscheinlichkeit, Adler zu werfen, und der relativen Häufigkeit, mit der Adler erzielt wurde, wird mit zunehmendem n kleiner.

Vergleiche den Statistischen Wahrscheinlichkeitsbegriff (Kap.4.2) und Abb.1o.

Satz 56: *Für ein Ereignis, das in einem Versuch mit Wahrscheinlichkeit p eintritt, strebt die Wahrscheinlichkeit, daß eine relative Häufigkeit Z_n in n unabhängigen Versuchen von p um mehr als ein beliebiges $\varepsilon > 0$ abweicht, für $n \to \infty$ gegen Null (<u>schwaches Gesetz der großen Zahlen</u>):*

$$P(|Z_n - p| \geq \varepsilon) \leq \frac{p(1-p)}{n \cdot \varepsilon^2} \xrightarrow[n\to\infty]{} 0 \quad .$$

Def.57: *Die <u>Kovarianz</u> σ_{ij} zwischen den Zufallsvariablen X_i und X_j ist definiert zu*

$$\sigma_{ij} = Cov\{X_i, X_j\} = E\{(X_i - \mu_i)(X_j - \mu_j)\} \quad ,$$

wobei $\mu_i = E\{X_i\}$, $\mu_j = E\{X_j\}$.

Zur praktischen Berechnung macht man meist Gebrauch von

$$\mathrm{Cov}\{X_i, X_j\} = E\{X_i \cdot X_j\} - \mu_i \mu_j \quad .$$

Beachte: $\mathrm{Cov}\{X_i, X_i\} = \mathrm{Var}\{X_i\}$.

Def.58: *Der <u>Korrelationskoeffizient</u> von X_i und X_j ist definiert zu*

$$\rho_{ij} = \frac{\sigma_{ij}}{\sqrt{\sigma_i^2} \cdot \sqrt{\sigma_j^2}} \quad .$$

Satz 59: *Eigenschaft:*

$$-1 \leq \rho_{ij} \leq +1 \quad .$$

Die Kovarianz (und damit der Korrelationskoeffizient) von zwei voneinander unabhängigen Zufallsvariablen ist Null (Die Umkehrung dieser Aussage ist nicht notwendigerweise richtig). Besteht zwischen den Zufallsvariablen ein linearer Zusammenhang, so nimmt der Korrelationskoeffizient den Wert 1 oder -1 an. Der Korrelationskoeffizient (und die Kovarianz) ist ein Maß für die Stärke des linearen Zusammenhanges zwischen Zufallsvariablen (vergl.Kap.11).

Satz 6o: ***Momente einer Linearkombination von X_i und X_j***

Für beliebige X_i und X_j gilt:

a) $E\{a_iX_i + a_jX_j\} = a_i\mu_i + a_j\mu_j$

mit $\mu_i = E\{X_i\}$ *etc.*

b) $Var\{a_iX_i + a_jX_j\} = a_i^2 Var\{X_i\} + a_j^2 Var\{X_j\} + 2a_ia_j Cov\{X_i, X_j\}$

c) Sind X_i und X_j unabhängig, so gilt:

$Var\{a_iX_i + a_jX_j\} = a_i^2 Var\{X_i\} + a_j^2 Var\{X_j\}$.

Bsp.48: Für die Angaben von Bsp.47 gilt:

$E\{X_i\} = 1 \cdot 0.1 + 0 \cdot 0.9 = 0.1$

$Var\{X_i\} = 1 \cdot 0.1 + 0 \cdot 0.9 - 0.1^2 = 0.09$.

Somit gilt für $X = X_1 + X_2 + X_3$

$E\{X\} = 3 \cdot 0.1 = 0.3$

$Var\{X\} = 3 \cdot 0.09 = 0.27$.

BEISPIELE

1) In einem Behälter befinden sich Kugeln mit den Nummern 3, 17, 25, 30, 41, eine Kugel wird gezogen.

a) X = Ziffernsumme der gezogenen Kugel

e_i	3,30	41	25	17
x	3	5	7	8
f(x)	2/5	1/5	1/5	1/5
F(x)	2/5	3/5	4/5	1

$E\{X\} = 5.2$, $Var\{X\} = 4.16$, $\sigma = 2.04$.

b) Y = Ziffernsumme der gezogenen Kugel unter der Bedingung, daß sie kleiner als 8 ist:

$f(y) = P(Y=y) = P(X=y \mid X<8)$

e_i	3,30	41	25	17
Y	3	5	7	8
f(y)	2/4	1/4	1/4	0
F(Y)	2/4	3/4	1	1

$E\{Y\} = 4.5,\ Var\{Y\} = 2.75,\ \sigma = 1.66$.

c) $Z = \begin{cases} 1 & \text{wenn eine Primzahl gezogen wurde} \\ 0 & \text{sonst} \end{cases}$

e_i	25,30	3,17,41
Z	0	1
f(Z)	2/5	3/5
F(Z)	2/5	1

$E\{Z\} = 0.6,\ Var\{Z\} = 0.24,\ \sigma = 0.49$.

d) Wie viele unabhängige Wiederholungen sind nötig, damit die Wahrscheinlichkeit kleiner als 0.05 ist, daß die relative Häufigkeit, mit der Kugeln mit Primzahlen gezogen werden, von 0.6 um 0.1 oder mehr abweicht?

$Z = \begin{cases} 1 & \text{wenn im i-ten Versuch eine Primzahl gezogen wird} \\ 0 & \text{sonst} \end{cases}$

$U = \frac{1}{n} \sum_{i=1}^{n} Z_i =$ relative Häufigkeit der gezogenen Primzahlen unter n Wiederholungen

$P(|U - 0.6| \geq 0.1) < 0.05$.

Aus der Tschebyscheff'schen Ungleichung folgt mit

$E\{U_n\} = p = 0.6$ und $Var\{U_n\} = \frac{p(1-p)}{n} = \frac{0.24}{n}$

$\frac{p(1-p)}{n \cdot \varepsilon^2} = 0.05$

$n = \frac{p(1-p)}{0.05\varepsilon^2} = \frac{0.6 \cdot 0.4}{0.01 \cdot 0.05} = 480$.

2) Die Dichtefunktion der Zufallsvariablen X hat folgende Form:

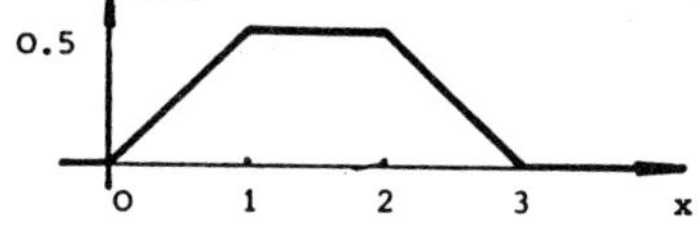

a) Bestimmung der Dichtefunktion: es ergibt sich aus geometrischen Überlegungen:

$$f(x) = \begin{cases} 0.5x & 0 \le x < 1 \\ 0.5 & 1 \le x < 2 \\ 1.5 - 0.5x & 2 \le x < 3 \end{cases} .$$

$$\int_0^3 f(x)dx = 0.5 \int_0^1 xdx + 0.5 \int_1^2 dx + \int_2^3 (1.5 - 0.5x)dx = 1 .$$

b) Bestimmung der Verteilungsfunktion:

$$F(x) = \begin{cases} 0 & x < 0 \\ 0.25x^2 & 0 \le x < 1 \\ -0.25 + 0.5x & 1 \le x < 2 \\ -1.25 + 1.5x - 0.25x^2 & 2 \le x < 3 \\ 1 & x \ge 3 \end{cases} .$$

c) $P(X \le 1.5) = F(1.5) = -0.25 + 0.5 \cdot 1.5 = 0.5$.

3) Die Zufallsvariable X folgt der Exponentialverteilung:

$$f(x) = \begin{cases} k \cdot e^{-3x} & x \ge 0 \\ 0 & \text{sonst} \end{cases}$$

a) Bestimmung von k:

$$\int_{-\infty}^{\infty} f(x)dx = 1 = k \int_0^{\infty} e^{-3x}dx = -\frac{k}{3} e^{-3x} \Big|_0^{\infty} = 0 + \frac{k}{3}$$

$k = 3$.

b) Bestimmung der Verteilungsfunktion:

$$F(x) = \int_{-\infty}^{x} f(u)du = 3 \int_0^{x} e^{-3u}du = \frac{3}{-3} e^{-3u} \Big|_0^{x} = 1 - e^{-3x}$$

c) $P(1<X\le 5) = F(5) - F(1) = e^{-3} - e^{-15} = 0.050$.

d) $P(0<X\le 0.5) = F(0.5) - F(0) = 0.777$.

e) Bestimmung des Erwartungswertes:

$$E\{X\} = 3 \int_0^{\infty} xe^{-3x}dx = \frac{3}{-3} \cdot xe^{-3x} \Big|_0^{\infty} - \frac{3}{-3} \int_0^{\infty} e^{-3x}dx =$$

$$= \frac{1}{-3} e^{-3x} \Big|_0^{\infty} = \frac{1}{3} .$$

4) Der Erwartungswert für die Zahl der Perioden X ist zu bestimmen, nach denen ein Konsument von Marke A zu Marke B wechselt (Kap.4, Beispiel 5).

$P(X=k) = 0.7^{k-1} \cdot 0.3 , \qquad k=1,2,...$

Die erwartete Zahl der Perioden ergibt sich zu

$$E\{X\} = \sum_{k=1}^{\infty} k \cdot P(X=k) = 0.3 \cdot \sum_{k=1}^{\infty} k \cdot 0.7^{k-1} = \frac{0.3}{(1-0.7)^2} = 3.33 ,$$

da gilt:

$$\sum_{i=1}^{\infty} i \cdot q^{i-1} = \frac{1}{(1-q)^2} .$$

ÜBUNGSAUFGABEN

1) X ist die Zahl der Augen, die beim Wurf zweier Würfel erzielt wird. Die Wahrscheinlichkeitsfunktion f(x) und die Verteilungsfunktion F(x) sind zu bestimmen. Die Wahrscheinlichkeiten sind anzugeben:

a) $P(X<2)$ — L: 0
b) $P(1 \leq X \leq 5)$ — L: 10/36
c) $P(X>5)$ — L: 26/36
d) $P(2.5<X \leq 3)$ — L: 2/36

2) Wie Aufg.1), wenn X das Produkt der Augenzahlen ist, die beim Wurf zweier Würfel erzielt werden.

L: a) 1/36
b) 10/36
c) 26/36
d) 2/36

3) Wie Aufg.1), wenn X die kleinere der Augenzahlen ist, die beim Wurf zweier Würfel erzielt werden.

L: a) 11/36
b) 35/36
c) 1/36
d) 7/36

4) Drei Kugeln mit den Nummern '1', '2', '3' werden zufällig angeordnet. X ist die Zahl der Kugeln, die an jenem Platz zu liegen kommen, der ihrer Nummer entspricht. Die Wahrscheinlichkeiten der Aufg.1) sind zu bestimmen.

L: a) 5/6
b) 2/3
c) 0
d) 1/6

5) Aus einer Lieferung von 100 Werkstücken, davon zehn defekten, werden zufällig fünf Stück ausgewählt. X = Anzahl der defekten unter den gezogenen Werkstücken. Die Wahrscheinlichkeitsfunktion ist zu bestimmen.

L:

x	f(x)
0	0.584
1	0.340
2	0.070
3	0.006
4	0
5	0

6) X = Ziffernsumme von zufällig erzeugten, 2-stelligen Zahlen. Die Wahrscheinlichkeitsfunktion ist zu bestimmen.

L:

x	f(x)
0	1/100
⋮	⋮
9	1/10
⋮	⋮
18	1/100

7) Eine Sendung wird durch Prüfen zufällig ausgewählter Stücke so lange kontrolliert, bis ein Stück fehlerhaft ist. Die Wahrscheinlichkeit, daß ein Stück fehlerhaft ist, sei 0.2 . Die Prüfungsergebnisse seien unabhängig. X = Zahl der geprüften Stücke.

a) Die Wahrscheinlichkeitsfunktion ist zu bestimmen.
L: $f(x)=0.8^{x-1}\cdot 0.2$, $x=1,2,\ldots$

b) $E\{X\}$ ist zu bestimmen. L: 5

8) Die Zufallsvariable X hat die Dichtefunktion

$$f(x) = \begin{cases} a & -1 \le x \le 1.5 \\ 0 & \text{sonst} \end{cases}$$

a) Der Wert der Konstanten a ist zu bestimmen.
L: 0.4

b) Die Verteilungsfunktion ist zu bestimmen.

$$L: \begin{cases} 0 & x < -1 \\ 0.4(1+x) & -1 \le x \le 1.5 \\ 1 & x \ge 1 \end{cases}$$

9) Wie Aufg.8), jedoch $f(x) = ax$, $0 \le x \le 2$
L: a) 0.5
b) $0.25x^2$ $\quad 0 \le x \le 2$

1o) Wie Aufg.8), jedoch $f(x) = ax$, $-1 \le x \le 0$
L: a) -2
b) $1-x^2$ $\quad -1 \le x \le 0$

11) Wie Aufg.8), jedoch $f(x) = a\cdot e^{-x/4}$, $x \ge 0$
L: a) 0.25
b) $1 - e^{-x/4}$ $\quad x \ge 0$

12) Wie Aufg.8), jedoch $f(x) = ax(1-x)$, $0 \le x \le 1$
L: a) 6
b) $x^2(3-2x)$ $\quad 0 \le x \le 1$

13) Für die Angabe von Aufg.11) ist zu ermitteln
a) $P(0 < X \le 0.5)$ L: 11.8%
b) $P(0.4 < x \le 1)$ L: 12.6%

14) Für die Angaben von Aufg.12) sind die Wahrscheinlichkeiten der Aufg.13) zu bestimmen:
L: a) 50 %
b) 64.8 %

15) Die Lebensdauer X eines Produktes sei verteilt nach

$$f(x) = \begin{cases} \frac{3}{125}x^2 & 0 \le x \le 5 \\ 0 & \text{sonst} \end{cases}$$

Die Verteilungsfunktion ist zu bestimmen und damit die Wahrscheinlichkeit zu berechnen:
a) $P(X \le 2.5)$ L: 1/8
b) $P(2 < X \le 3)$ L: 19/125

16) Dichtefunktion und Verteilungsfunktion einer im Intervall [-1,1] symmetrisch dreiecksverteilten Zufallsvariablen sind zu bestimmen.

a) Dichtefunktion L: $\begin{cases} 1+x & -1 \le x \le 0 \\ 1-x & 0 \le x \le 1 \end{cases}$

b) Verteilungsfunktion L: $\begin{cases} 0.5(1+2x+x^2) & -1 \le x \le 0 \\ 0.5(1+2x-x^2) & 0 \le x \le 1 \end{cases}$

17) Die Zufallsvariable X hat die Wahrscheinlichkeitsfunktion

x	-2	-1	0	2	3
f(x)	0.1	0.2	0.1	0.4	0.2

a) E{X} ist zu bestimmen L: 1

b) Var{X} ist zu bestimmen L: 3

18) Für die Zufallsvariable Y = 3X - 1 sind die Aufgabenstellungen von Aufg.17) zu lösen. L: a) 2

b) 27

19) Für die Angaben aus Aufg.11) sind

a) Mittelwert L: 4

b) Varianz L: 16

der Zufallsvariablen X zu bestimmen.

2o) Wie Aufg.19) für die Angaben aus Aufg.12).

L: a) 0.5

b) 0.05

21) Die Zufallsvariable X hat die Dichtefunktion $f(x) = 3x^2$, $0 \le x \le 1$. Es ist zu bestimmen:

a) $E\{X^2\}$ L: 0.6

b) $E\{X-\mu\}^2$ L: 0.038

22) Die Zufallsvariable X hat die Dichtefunktion $f(x) = 0.75(1 - x^2) \quad -1 \le x \le 1$

a) E{X} L: 0

b) E{2.5X + 1} L: 1

23) Die Schiefe $\gamma = E\{X-\mu\}^3/\sigma^3$ ist zu ermitteln:

a) Für Aufg.11 L: 2

b) Für Aufg.12 L: 0

24) Für die Angaben aus Aufg.11 sind

a) Mittelwert L: 5

b) Varianz L: 64

von Y = 2X - 3 zu bestimmen.

25) Wie Aufg.24, für die Angaben aus Aufg.12

L: a) -2

b) 0.2

26) Für die Angaben aus Kap.4, Aufg.35 ist die erwartete Zahl von Regentagen vor dem ersten Sonnentag zu bestimmen, wenn heute ein Regentag ist.

L: $2.\dot{3}$

27) Eine ideale Münze wird n mal geworfen.

a) Der Erwartungswert und die Varianz der relativen Häufigkeit, mit der Kopf erzielt wird, sind zu bestimmen.

L: 1/2, 1/4n

Unter Verwendung der Tschebyscheff'schen Ungleichung ist

b) eine obere Schranke für die Wahrscheinlichkeit anzugeben, daß die relative Häufigkeit, mit der Kopf geworfen wird, von ihrem Erwartungswert um mehr als 0.05 abweicht, wenn n = 200;

L: 0.5

c) jenes n zu bestimmen, für das diese Wahrscheinlichkeit höchstens 0.4 ist.

L: 250

Kapitel 6
Wichtige Wahrscheinlichkeitsverteilungen

6.1 Diskrete Wahrscheinlichkeitsverteilungen

Eine Übersicht der behandelten Wahrscheinlichkeitsfunktionen findet sich in Tafel 3.

(a) Binomialverteilung

Voraussetzung: Bernoulli-Experiment:
besteht aus n unabhängigen Ausführungen eines Zufallsexperimentes mit zwei möglichen Ausgängen: A, A^c. In jeder Ausführung gilt: $P(A) = p$ (vergl. Experimente vom Typ "Ziehen mit Zurücklegen").

Def.61: Die Zufallsvariable X (Zahl der Ereignisse A im oben definierten Bernoulli-Experiment) nennt man Binomial- (Bernoulli-) verteilt: $X \sim B(n,p)$.

Satz 62: Für $X \sim B(n,p)$ gilt:

$$f(x) = P(X=x) = \binom{n}{x} p^x (1-p)^{n-x}, \qquad x=0,1,\dots,n, \quad 0 \le p \le 1 .$$

Bsp.49: Ein Würfel wird dreimal geworfen. $P('6') = \frac{1}{6}$.

X = Zahl der '6' unter den drei erzielten Augenzahlen.

$P(X=1) = \binom{3}{1}\left(\frac{1}{6}\right)^1\left(\frac{5}{6}\right)^2 = 0.347$

$P(X\le 1) = P(X=0) + P(X=1) = \left(\frac{5}{6}\right)^2\left(\frac{5}{6} + 3\cdot\frac{1}{6}\right) = 0.926$

$P(X>1) = 1 - P(X\le 1) = 0.074$.

Zufallsvariable X ist verteilt nach	Wahrscheinlichkeitsfunktion $f(x)=P(X=x)$	$E\{X\}$	$Var\{X\}$
Binomialverteilung $B(n,p)$	$\binom{n}{x} p^x (1-p)^{n-x}$	$n \cdot p$	$n \cdot p(1-p)$
Poissonverteilung $P(\lambda)$	$\frac{\lambda^x}{x!} \cdot e^{-\lambda}$	λ	λ
Hypergeometrische Verteilung $H(M,N,n)$	$\frac{\binom{M}{x}\binom{N-M}{n-x}}{\binom{N}{n}}$	$n \cdot \frac{M}{N}$	$n \cdot \frac{M}{N} \cdot (1-\frac{M}{N})(\frac{N-n}{N-1})$

Zufallsvariable $X_1,\ldots,X_r$, sind verteilt nach	$f(x_1,\ldots,x_r) = P(X_1=x_1,\ldots,X_r=x_r)$	$E\{X_i\}$	$Var\{X_i\}$	$Cov\{X_i,X_j\}$
Multinomial Verteilung $M(n,p_1,\ldots,p_r)$ $\Sigma p_i = 1$ $\Sigma x_i = n$	$\frac{n!}{x_1! \ldots x_r!} p_1^{x_1}, \ldots, p_r^{x_r}$	$n \cdot p_i$	$n \cdot p_i(1-p_i)$	$-n \cdot p_i \cdot p_j$

Tafel 3: Wahrscheinlichkeitsfunktion und Momente wichtiger diskreter Verteilungen.

Satz 63: Für $X \sim B(n,p)$ gilt:

$$E\{X\} = n \cdot p$$
$$Var\{X\} = n \cdot p(1-p) \quad .$$

Bsp.5o: Der Erwartungswert der Zahl von '6' unter drei Würfen mit einem Würfel beträgt $np = 3 \cdot \frac{1}{6} = 0.5$; die Standardabweichung beträgt

$$\sigma = \sqrt{3 \cdot \frac{1}{6} \cdot \frac{5}{6}} = 0.65 \quad .$$

(b) Poissonverteilung

Def.64: X heißt poissonverteilt mit dem Parameter λ ($X \sim P(\lambda)$), wenn die Wahrscheinlichkeitsfunktion durch

$$P(X=x) = \frac{e^{-\lambda}\lambda^x}{x!} \qquad \lambda > 0, \; x=0,1,\ldots,$$

gegeben ist.

Während die Binomialverteilung Wahrscheinlichkeiten angibt, mit denen bei vorgegebener Wiederholungszahl bestimmte Häufigkeiten eines Ereignisses beobachtet werden, gibt die Poissonverteilung Wahrscheinlichkeiten für Eintrittshäufigkeiten eines Ereignisses in Zeit- oder Raumintervallen an.

Bsp.51: a) Zahl der Kunden, die je Minute in ein Kaufhaus kommen.
b) Zahl der Druckfehler je Seite einer Zeitung.

Satz 65: Für $X \sim P(\lambda)$ gilt:

$$E\{X\} = Var\{X\} = \lambda \quad .$$

Eine wichtige Anwendung der Poissonverteilung ist die angenäherte Berechnung der Wahrscheinlichkeit für binomialverteilte Zufallsvariable.

> *Für $X \sim B(n,p)$ mit großem n und kleinem p (Faustregel: $n \geq 50$, $p \leq 0.1$ und $n \cdot p \leq 10$) gilt näherungsweise:*
>
> $$X \sim P(\lambda)\ , \text{ wobei } \lambda = n \cdot p \quad .$$

Bsp.52: Zwei Würfel werden wiederholt geworfen. X = Zahl der '66'.

a) n = 36

$$P(X=1) = \binom{36}{1} \frac{1}{36} \left(\frac{35}{36}\right)^{35} = 0.373$$

$$P(X=1) \doteq \frac{1}{1!} e^{-1} = 0.368$$

b) n = 72

$$P(X=1) = \binom{72}{1} \frac{1}{36} \left(\frac{35}{36}\right)^{71} = 0.2706$$

$$P(X=1) \doteq \frac{2}{1!} e^{-2} = 0.2707$$

> *Satz 66: Sei die Eintrittswahrscheinlichkeit X eines Ereignisses in einem (Zeit- oder Raum-) Intervall poissonverteilt: $X \sim P(\lambda)$ und das Intervall wird durch Multiplikation mit dem Faktor t vergrößert oder verkleinert, so ist die Eintrittshäufigkeit Y dieses Ereignisses in dem geänderten Intervall poissonverteilt: $Y \sim P(t\lambda)$.*

Bsp.53: X = Anzahl der Fehler pro cm eines Isolierdrahtes,
$X \sim P(0.01)$
Y = Anzahl der Fehler pro Inch (1 inch = 2.54 cm),
$Y \sim P(0.0254)$.

(c) Hypergeometrische Verteilung

Das Experiment "Ziehen ohne Zurücklegen" wird n-mal ausgeführt, wobei sich unter N zur Auswahl stehenden Elementen M "markierte" befinden.

Def.67: Die Zufallsvariable X (die Zahl der markierten Elemente unter den gezogenen) nennt man hypergeometrisch verteilt:

$X \sim H(N,M,n)$.

Satz 68: Für $X \sim H(N,M,n)$ gilt:

$$f(x) = P(X=x) = \binom{M}{x}\binom{N-M}{n-x}/\binom{N}{n}\,, \quad x=0,1,\dots,n\,,\ 0 \le x \le M,\ 0 \le n-x \le N-M\,.$$

Bsp.54: Aus einer Urne mit zehn Losen, von denen eines gewinnt, werden drei gezogen.

a) A_i: im i-ten Versuch wird ein Los gezogen, das nicht gewinnt.

P(das Gewinnlos wurde nicht gezogen) =

$= P(A_1 \cap A_2 \cap A_3) =$

$= P(A_1) \cdot P(A_2|A_1) \cdot P(A_3|A_1 \cap A_2) = \frac{9}{10} \cdot \frac{8}{9} \cdot \frac{7}{8} =$

$= \frac{7}{10} = 0.7$.

b) Es gilt: N=10, M=1, n=3, x=0.

P(das Gewinnlos wurde nicht gezogen) = P(X=0) =

$= \binom{1}{0}\binom{9}{3} / \binom{10}{3} = \frac{9!3!7!}{3!6!10!} = \frac{7}{10} = 0.7$.

Satz 69: Für $X \sim H(N,M,n)$ gilt:

$$E\{X\} = n \cdot \frac{M}{N} \quad ,$$

$$Var\{X\} = n \cdot \frac{M}{N} \left(1 - \frac{M}{N}\right) \frac{N-n}{N-1} \quad .$$

Für $X \sim H(N,M,n)$ mit großen N, M und $N-M$ sowie kleinem n/N (Faustregel: $n/N < 0.05$) gilt näherungsweise: $X \sim B(n,M/N)$.

(d) <u>Multinomialverteilung</u>

Def.70: <u>*Multinomialverteilung*</u>*:* Jeder der n unabhängigen Ausführungen eines Zufallsexperimentes kann eines der Ergebnisse $A_1,\ldots,A_r$ liefern. Für jede Ausführung gilt:

$P(A_1) = p_1,\ldots,P(A_r) = p_r \quad (\Sigma p_i = 1).$

Die Größen X_i = Zahl der A_i $(i=1,\ldots,r)$ nennt man multinomialverteilt:

$(X_1,\ldots,X_r) \sim M(n,p_1,\ldots,p_r)$.

Satz 71: Für $(X_1,\ldots,X_r) \sim M(n,p_1,\ldots,p_r)$ gilt $(\Sigma x_i = n)$:

$$P(X_1=x_1,\ldots,X_r=x_r) = \frac{n!}{x_1! \ldots x_r!} \cdot p_1^{x_1} \ldots p_r^{x_r} \; .$$

Beachte: für $r=2$ ist $M(n,p_1,p_2) = M(n,p_1,1-p_1)$ identisch mit der Binomialverteilung $B(n,p_1)$.

Bsp.55: Die Gewinnchancen von drei Rennfahrern sind 0.5 , 0.3 und 0.2 . Es werden sechs Rennen gefahren.

$$P(X_1=1,X_2=2,X_3=3) = \frac{6!}{1!2!3!} \cdot 0.5 \cdot 0.3^2 \cdot 0.2^3 = 0.022$$

Satz 72: Für $(X_1,\ldots,X_r) \sim M(n,p_1,\ldots,p_r)$ gilt:

$$\left.\begin{array}{l} E\{X_i\} = n\cdot p_i \\ Var\{X_i\} = n\cdot p_i(1-p_i) \end{array}\right\} \quad i=1,\ldots,r \quad ,$$

$$Cov\{X_i,X_j\} = -n\cdot p_i\cdot p_j \ , \quad i,j=1,\ldots,r;\ i\neq j \quad .$$

6.2 Stetige Wahrscheinlichkeitsverteilungen

Eine Übersicht der behandelten Wahrscheinlichkeitsverteilungen findet sich in Tafel 4.

(a) Gleichverteilung

Def.73: X heißt gleichverteilt im Intervall $a \leq x \leq b$ ($X \sim U(a,b)$), wenn für die Dichtefunktion $f(x)$ gilt

$$f(x) = \begin{cases} \dfrac{1}{b-a} & , \quad a \leq x \leq b \quad , \\ 0 & , \quad \text{sonst} \quad . \end{cases}$$

Satz 74: Für $X \sim U(a,b)$ gilt:

$$E\{X\} = \frac{b+a}{2} \quad ,$$

$$Var\{X\} = \frac{(b-a)^2}{12} \quad .$$

Vergl. dazu Bsp.39, Kap.5 .

Zufallsvariable X ist verteilt nach	Dichtefunktion $f(x) = \frac{d}{dx} F(x)$	E{X}	Var{X}
Gleichverteilung U(a,b)	$\begin{cases} \frac{1}{b-a} & , a \le x \le b \\ 0 & \text{sonst} \end{cases}$	$\frac{a+b}{2}$	$\frac{(b-a)^2}{12}$
Exponentialverteilung E(β)	$\begin{cases} \frac{1}{\beta} \exp(-\frac{x}{\beta}) & , x \ge 0 \\ 0 & \text{sonst} \end{cases}$	β	β^2
Normalverteilung N(μ,σ²)	$\frac{1}{\sqrt{2\pi\sigma^2}} \exp(-\frac{1}{2} (\frac{x-\mu}{\sigma})^2)$ $-\infty < x < \infty$	μ	σ^2
standardisierte Normalverteilung N(0,1)	$\frac{1}{\sqrt{2\pi}} \exp(-\frac{1}{2} z^2)$ $-\infty < z < \infty$	0	1

Tafel 4: Dichtefunktion und Momente einiger wichtiger stetiger Verteilungen

(b) Exponentialverteilung

Def. 75: X heißt exponentialverteilt mit dem Parameter β, E(β), wenn für die Dichtefunktion von X gilt:

$$f(x) = \begin{cases} \frac{1}{\beta} \exp\left(-\frac{x}{\beta}\right), & x \geq 0, \quad \beta > 0 \\ 0 & \text{sonst} \end{cases} .$$

Satz 76: Für $X \sim E(\beta)$ gilt:

$$E\{X\} = \beta ,$$
$$Var\{X\} = \beta^2 .$$

Exponentialverteilungen werden häufig für Zufallsvariable unterstellt, die Zeitspannen oder räumliche Intervalle zwischen dem Eintreten von Ereignissen repräsentieren (Zwischenankunftszeit). Insbesondere gilt:

Satz 77: Sei $X \sim P(\lambda)$ die Eintrittshäufigkeit eines Ereignisses A in einem Intervall, so gilt für den Abstand Y zwischen zwei aufeinanderfolgenden solchen Ereignissen: $Y \sim E(1/\lambda)$.

(c) Normalverteilung

Die Normalverteilung ist die wichtigste Wahrscheinlichkeitsverteilung, da einerseits in vielen praktischen Anwendungsfällen damit zu rechnen ist, daß X (approximativ) normalverteilt ist und andererseits die Normalverteilung zur approximativen Berechnung von Wahrscheinlichkeiten für andere Verteilungen benützt werden kann (vergl. Tafel 5).

Def. 78: *X heißt normalverteilt* $X \sim N(\mu,\sigma^2)$ *mit den Parametern* μ *und* σ^2*, wenn für die Dichtefunktion von X gilt:*

$$f(x) = \frac{1}{\sqrt{2\pi\sigma^2}} \exp\left(-\frac{1}{2\sigma^2}(x-\mu)^2\right), \qquad -\infty < x < \infty.$$

Satz 79: *Für* $X \sim N(\mu,\sigma^2)$ *gilt:*

$$E\{X\} = \mu\,,$$
$$Var\{X\} = \sigma^2\,.$$

Satz 8o: *<u>Standardisieren</u> einer normalverteilten Zufallsvariablen* $X \sim N(\mu,\sigma^2)$*:*

Für die standardisiert normalverteilte Zufallsvariable

$$Z = \frac{X-\mu}{\sigma}$$

gilt: $Z \sim N(0,1)$.

Die <u>standardisierte</u> Zufallsvariable hat die

<u>Dichtefunktion</u> $\phi(z) = \frac{1}{\sqrt{2\pi}} e^{-z^2/2}\,, \quad -\infty < z < \infty$

<u>Verteilungsfunktion</u> $\Phi(z) = \int_{-\infty}^{z} \phi(t)\,dt\,, \quad -\infty < z < \infty.$

Daher kann die Verteilungsfunktion einer $N(\mu,\sigma^2)$-verteilten Zufallsvariablen X mittels der einer standardisierten Zufallsvariablen Z ausgedrückt werden:

$$F(x) = P(X \le x) = P\left(\frac{X-\mu}{\sigma} \le \frac{x-\mu}{\sigma}\right) =$$
$$= P\left(Z \le \frac{x-\mu}{\sigma}\right) = \Phi\left(\frac{x-\mu}{\sigma}\right) \; .$$

Die Werte der Verteilungsfunktion $\Phi(z)$ einer N(0,1)-verteilten Zufallsvariablen Z sind im Anhang tabelliert. Wegen der Symmetrie der Dichtefunktion gilt:

$$\Phi(-z) = 1 - \Phi(z) \quad .$$

Daher ist $\Phi(z)$ nur für $z \ge 0$ tabelliert.

Bsp.56: a) $X \sim N(2,9)$

$$P(0<X\le 5) = P\left(\frac{0-2}{3} < \frac{X-2}{3} \le \frac{5-2}{3}\right) =$$
$$= P\left(-\frac{2}{3} < Z \le 1\right) = \Phi(1) - \Phi(-0.666) =$$
$$= 0.841 - 0.255 = 0.586$$

b) $P(|X-\mu| < c) = 0.9$; der Wert von c ist zu bestimmen:

$$P\left(-\frac{c}{\sigma} < \frac{X-\mu}{\sigma} < \frac{c}{\sigma}\right) = \Phi\left(\frac{c}{\sigma}\right) - \Phi\left(-\frac{c}{\sigma}\right) =$$
$$= \Phi\left(\frac{c}{\sigma}\right) - 1 + \Phi\left(\frac{c}{\sigma}\right) = 0.9$$

Somit gilt

$$\Phi\left(\frac{c}{\sigma}\right) = \frac{1.9}{2} = 0.95 = \Phi(1.645)$$

und

$$c = 1.645 \cdot \sigma = 4.94 \quad .$$

Im folgenden werden einige wichtige, aus der Normalverteilung abgeleitete Wahrscheinlichkeitsverteilungen angegeben:

Satz 81: *Die Zufallsvariablen* $X_1, \ldots, X_n$ *seien* *unabhängig normalverteilt:* $X_i \sim N(\mu_i, \sigma_i^2)$.
Dann gilt für die Linearkombination

$$U = \sum_{i=1}^{n} a_i X_i \sim N(\mu_u, \sigma_u^2) \quad ,$$

mit

$$\mu_u = \sum_{i=1}^{n} a_i \mu_i \quad ,$$

$$\sigma_u^2 = \sum_{i=1}^{n} a_i^2 \sigma_i^2 \quad .$$

Satz 82: *Die Zufallsvariablen* $Z_1, \ldots, Z_m$ *seien unabhängig standardisiert normalverteilt:* $Z_i \sim N(0,1)$.
Dann gilt für

$$T = \sum_{i=1}^{m} Z_i^2 \sim \chi^2(m);$$

wobei $\chi^2(m)$ *die Chi-Quadrat-Verteilung mit m Freiheitsgraden symbolisiert.*

$$E\{T\} = m \quad , \qquad Var\{T\} = 2m \quad .$$

Satz 83: *Der Quotient*

$$T = \frac{X}{\sqrt{Y/m}}$$

mit einer Zufallsvariablen $X \sim N(0,1)$ *und einer davon unabhängig verteilten Zufallsvariablen* $Y \sim \chi^2(m)$ *folgt der t-Verteilung mit m Freiheitsgraden:* $T \sim t(m)$.

$$E\{T\} = 0 \quad , \quad Var\{T\} = \frac{m}{m-2} \quad .$$

Satz 84: *Wenn* $T_1 \sim \chi^2(m_1)$, $T_2 \sim \chi^2(m_2)$, T_1 *und* T_2 *unabhängig, dann ist*

$$T = \frac{T_1/m_1}{T_2/m_2}$$

F-verteilt mit m_1 *und* m_2 *Freiheitsgraden:*

$$T \sim F(m_1, m_2) \quad .$$

$$E\{T\} = \frac{m_2}{m_2 - 2} \qquad \text{wenn } m_2 > 2 \quad .$$

Die Verteilungsfunktionen der Chi-Quadrat, t- und F-Verteilung sind im Anhang tabelliert.

6.3 Approximationen

Die folgende Tafel 5 gibt eine Übersicht über Approximationen, die zwischen Wahrscheinlichkeitsverteilungen bestehen.

Bei Approximation einer diskreten Zufallsvariablen X durch eine stetige Y wird Gebrauch gemacht von

$$P(a \le X \le b) = P(a-0.5 < Y \le b+0.5) \quad .$$

Bsp.57: Für $X \sim B(n,p)$ gilt bei $np(1-p) > 9$ näherungsweise

$$X \sim N(np, np(1-p))$$

$$P(a \le X \le b) =$$

$$= \Phi\left(\frac{b+0.5-np}{\sqrt{np(1-p)}}\right) - \Phi\left(\frac{a-0.5-np}{\sqrt{np(1-p)}}\right) \quad .$$

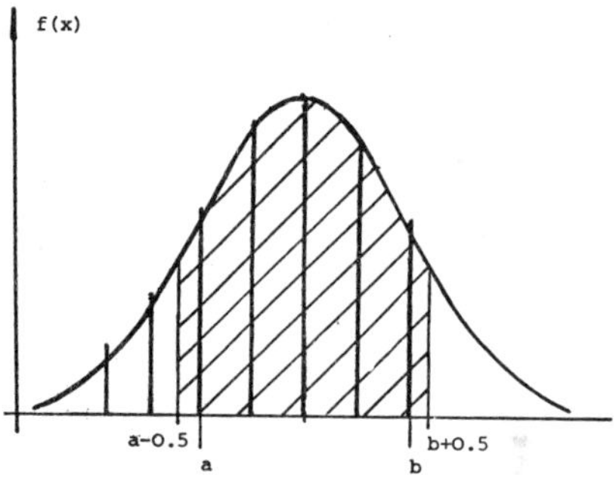

Abb.13: Approximation der Binomialverteilung B(n,p) durch die Normalverteilung N(np,np(1-p)).

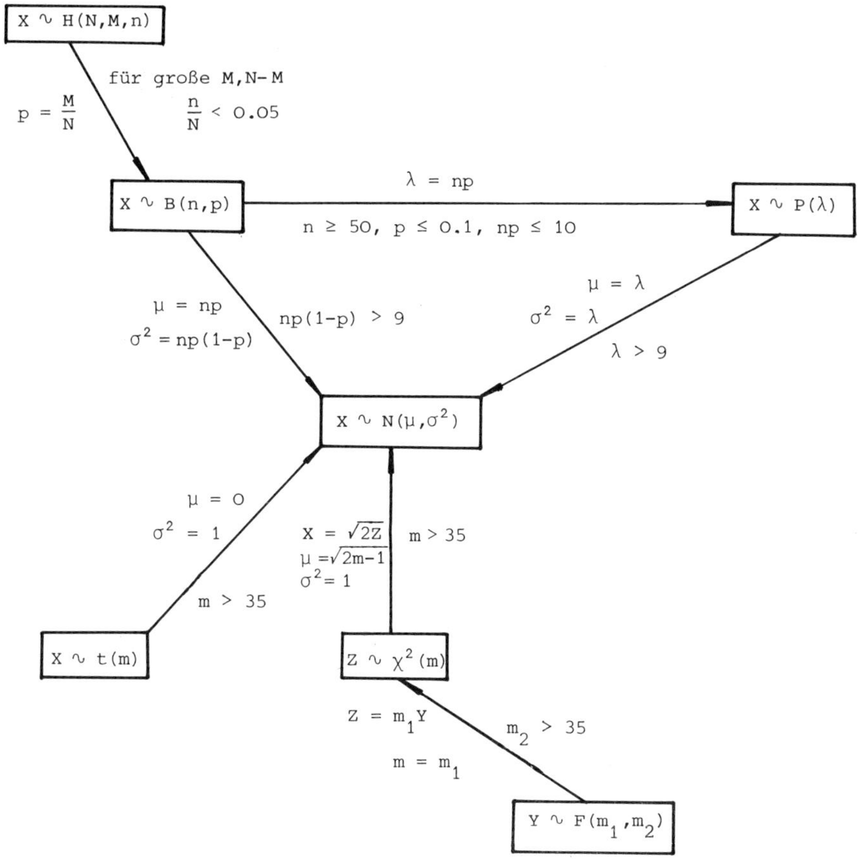

Tafel 5: Approximationen von Wahrscheinlichkeitsverteilungen

BEISPIELE

1) Die Gewinnchancen von A im Tennisspiel gegen B sei 0.6 . Die Wahrscheinlichkeit für B, mehr als die Hälfte der Wettkämpfe zu gewinnen, ist zu bestimmen. Die Zahl der Wettkämpfe ist: (X = Zahl der von B gewonnenen Kämpfe)

a) 3: $X \sim B(3,0.4)$

$$P(X\geq 2) = \binom{3}{2}\cdot 0.4^2\cdot 0.6 + \binom{3}{3}\cdot 0.4^3 = 0.352 \quad .$$

b) 5: $X \sim B(5,0.4)$

$$P(X\geq 3) = \binom{5}{3}\cdot 0.4^3\cdot 0.6^2 + \ldots + \binom{5}{5}\cdot 0.4^5 = 0.317 \quad .$$

c) 5: $E\{X\} = 5\cdot 0.4 = 2$.

2) Die Spieler A und B aus Bsp.1 nehmen an einem Turnier (drei Wettkämpfe) teil. Ausgesetzte Prämien: S 1000,-- bei 3 Siegen, S 500,-- bei 2 Siegen und S 100,-- bei weniger als 2 Siegen. Die Gewinnerwartung ist zu bestimmen.

Der erzielte Gewinn G(X) mit X = Zahl der Siege hat den Erwartungswert

$$E\{G(X)\} = G(X=3)P(X=3) + G(X=2)P(X=2) + G(X<2)P(X<2) =$$
$$= 1000\cdot P(X=3) + 500\cdot P(X=2) + 100\cdot P(X<2) \quad .$$

Er beträgt für

a) Spieler A: $X \sim B(3,0.6)$

$P(X=3) = 0.6^3 = 0.216$

$P(X=2) = 3\cdot 0.4\cdot 0.6^2 = 0.432$

$P(X<2) = 1- 0.216 - 0.432 = 0.352$

$E\{Gewinn\} = 467.20$.

b) Spieler B: $X \sim B(3,0.4)$

$P(X=3) = 0.4^3 = 0.064$

$P(X=2) = 0.288$

$P(X<2) = 0.648$

$E\{Gewinn\} = 272.80$.

3) Eine Versicherung habe mit 500 PKW-Besitzern eine Haftpflichtversicherung abgeschlossen. Erfahrungsgemäß beträgt die Wahrscheinlichkeit, daß ein Klient im Laufe eines Jahres Schadensfälle verursacht, $p = 0.01$.

X = Zahl der Versicherten mit Schadensfällen. Die Wahrscheinlichkeit $P(X>3)$ ist zu bestimmen:

a) $X \sim B(500,0.01)$; $X \overset{a}{\sim} P(5)$

$$P(X>3) = 1 - P(X\le 3) \doteq 1 - e^{-5}\left(1 + 5 + \frac{25}{2} + \frac{125}{6}\right) = 0.735$$

b) $X \overset{a}{\sim} N(5,4.95)$

$$P(X>3) = P(4\le X\le 500) \doteq \Phi\left(\frac{500.5 - 5}{\sqrt{4.95}}\right) - \Phi\left(\frac{3.5 - 5}{\sqrt{4.95}}\right) =$$

$$= \Phi(222.71) - \Phi(-0.675) = 1 - 0.250 = 0.750 \quad .$$

Unter Benutzung der Binomialverteilung erhält man 0.736 . Der relative Fehler beträgt -0.1 % (a) und 1.9 % (b) .

4) Ein Kartenspiel verwendet 52 Karten mit je 13 von vier Farben. Wie groß ist die Wahrscheinlichkeit, daß ein Spieler in einem Blatt von 13 Karten

a) drei Herzkarten erhält?

$N = 52,\ M = 13,\ n = 13$

X = Zahl der Herzkarten

$$P(X=3) = \binom{13}{3}\cdot\binom{39}{10}/\binom{52}{13} = 0.286 \quad .$$

b) höchstens zwei Asse erhält?

$N = 52,\ M = 4,\ n = 13$

X = Zahl der Asse

$$P(X\le 2) = 1 - P(X\ge 3) = 1 - \binom{4}{3}\binom{48}{10}/\binom{52}{13} - \binom{4}{4}\binom{48}{9}/\binom{52}{13} =$$

$$= 0.956 \quad .$$

c) fünf Asse erhält?

$$P(X=5) = \binom{4}{5}\binom{48}{8}/\binom{52}{13} = 0 \qquad \text{weil } \binom{4}{5} = 0 \quad (x > M) \ .$$

d) Erwartungswert und Varianz der Anzahl der Piquekarten in einem Blatt sind anzugeben.

$N = 52,\ M = 13,\ n = 13$

X = Zahl der Piquekarten

$$E\{X\} = 13\cdot\frac{13}{52} = 3.25$$

$$Var\{X\} = 13\cdot\frac{13}{52}\cdot\frac{39}{52}\cdot\frac{39}{51} = 1.86 \quad .$$

5) Bei der Berechnung der Ergebnisse von Beispiel 4 a), b) ist die Binomialverteilung zu verwenden.

a) $X \sim B(13, 0.25)$

$$P(X=3) = \binom{13}{3} \cdot 0.25^3 \cdot 0.75^{10} = 0.252 \quad .$$

b) $X \sim B(13, \frac{1}{13})$

$$P(X \leq 2) = 1 - \left(\frac{1}{13}\right)^3 \left(\frac{12}{13}\right)^9 \left[\binom{13}{3} \cdot \frac{12}{13} + \binom{13}{4} \cdot \frac{1}{13}\right] = 0.929 \quad .$$

6) Die Schläuche für Autoreifen werden mit einer Ausschußquote von 0.06 produziert. Es wurden 25 zufällig ausgewählte Schläuche in eine Schachtel gepackt.

a) Die Wahrscheinlichkeit ist anzugeben, daß in einer Schachtel $X = 0,1,\ldots,3$ defekte Schläuche verpackt wurden, wenn die Bedingung erfüllt ist, daß höchstens drei Schläuche defekt sind.

X = Anzahl der defekten Schläuche

$$P(X=k \text{ und } X \leq 3) = P(X \leq 3)\ P(X=k \mid X \leq 3)$$

Daraus folgt:

$$P(X=k \mid X \leq 3) = \begin{cases} \dfrac{P(X=k)}{P(X \leq 3)} & k=0,\ldots,3 \\ 0 & \text{sonst} \end{cases}$$

k	0	1	2	3
$P(X=k \mid X \leq 3)$	0.227	0.361	0.277	0.135

b) Der Erzeuger zahlt folgende Vergütungen V(X):

X	V(X)
1	30,--
2	70,--
3	120,--

Sind mehr als drei Schläuche einer Schachtel defekt, so ersetzt er die ganze Schachtel durch eine andere. Die erwartete Vergütung ist anzugeben.

$$E\{V(X)\} = 0 \cdot P(X=0 \mid X \leq 3) + 30 \cdot P(X=1 \mid X \leq 3) + 70 \cdot P(X=2 \mid X \leq 3) + $$
$$+ 120 \cdot P(X=3 \mid X \leq 3) = 46.42 \quad .$$

7) In eine Hühnerbrutmaschine werden 15 Eier eingelegt. Aus der Erfahrung sei bekannt, daß die Eier mit $p_1 = 0.05$ unbefruchtet sind, mit $p_2 = 0.10$ ein männliches und mit $p_3 = 0.85$ ein weibliches Kücken geben.

a) $P(X_1=0,\ X_2=0 \text{ oder } 1,\ X_3 = 15 - X_1 - X_2) =$

$$= \frac{15!}{0!0!15!} \cdot 0.05^0 \cdot 0.10^0 \cdot 0.85^{15} + \frac{15!}{0!1!14!} \cdot 0.05^0 \cdot 0.10^1 \cdot 0.85^{14} =$$

$$= 0.85^{14}(0.85 + 15 \cdot 0.10) = 0.24$$

b) $P(X_3 \geq 14) = \binom{15}{14} \cdot 0.85^{14} \cdot 0.15 + \binom{15}{15} \cdot 0.85^{15} \cdot 0.15^0 = 0.32$.

8) Eine Krankheit wird mit dem Medikament A erfahrungsgemäß in 50 % der Fälle geheilt (Heilwirkung 0.5). Mit einem neuen Medikament B werden 10 von 12 an dieser Krankheit leidenden Patienten geheilt. X = Zahl der mit B geheilten Patienten.

a) Die Wahrscheinlichkeit des Ereignisses $X \geq 10$ ist zu bestimmen, wenn Medikament B wie A eine Heilwirkung von 0.5 hat.

$$P(X \geq 10) = \sum_{k=10}^{12} \binom{12}{k} \cdot 0.5^{12} = (66 + 12 + 1) \cdot 0.5^{12} = 0.019 \quad .$$

b) Die Wahrscheinlichkeit des Ereignisses $X \geq 10$ ist zu bestimmen, wenn die Heilwirkung von B in Wirklichkeit $100 \cdot p$ % beträgt.

$100 \cdot p$ %	$\sum_{k=10}^{12} \binom{12}{k} \cdot p^k \cdot (1-p)^{12-k}$
100 %	1.000
90 %	0.889
80 %	0.558
70 %	0.253
60 %	0.083
50 %	0.019
40 %	0.003

9) Der Durchmesser X von Drehstücken folge $X \sim N(4.2, 0.01)$; der Durchmesser Y der Gegenstücke folge $Y \sim N(4.35, 0.0044)$.

a) Mit welcher Wahrscheinlichkeit gilt für ein zufällig ausgewähltes Drehstück: $X > 4.35$?

$$P(X>4.35) = 1 - P(X \le 4.35) = 1 - \Phi\left(\frac{4.35 - 4.2}{0.1}\right) = $$
$$= 1 - \Phi(1.5) = 0.067 \ .$$

b) Von beiden wird je ein Stück zufällig ausgewählt. Wie groß ist die Wahrscheinlichkeit, daß sie 'zusammenpassen', d.h., daß das Gegenstück einen zwischen 0.01 und 0.23 größeren Durchmesser hat als das Drehstück?

$$U = Y - X \sim N(0.15, 0.0144) .$$
$$P(0.01 < U \le 0.23) = \Phi(0.67) - \Phi(-1.17) = 0.626 \ .$$

10) Eine ideale Münze wird 10mal geworfen.

X = Zahl der Köpfe

$X \sim B(10, 0.5)$

$$P(4 \le X \le 6) = \left[\binom{10}{4} + \binom{10}{5} + \binom{10}{6}\right] \cdot \left(\frac{1}{2}\right)^{10} = 0.656 \ .$$

Approximative Verwendung der Normalverteilung

$X \overset{a}{\sim} N(5, 2.5)$

$$P(4 \le X \le 6) \doteq \Phi\left(\frac{6.5 - 5}{\sqrt{2.5}}\right) - \Phi\left(\frac{3.5 - 5}{\sqrt{2.5}}\right) = \Phi(0.95) - \Phi(-0.95) = $$
$$= 0.658 \ .$$

Beachte, daß $np(1-p) > 9$ bei weitem nicht erfüllt ist. Trotzdem beträgt der relative Fehler $\frac{0.658-0.656}{0.656} = 0.003$ nur ca. 0.3 % .

11) $X \sim N(\mu, \sigma^2)$. Abschätzung und exakter Wert von $P(|X-\mu| < k\sigma)$

$$P(|X-\mu| \ge k\sigma) \begin{cases} = P\left(\frac{|X-\mu|}{\sigma} \ge k\right) = 1 - (\Phi(k) - \Phi(-k)) \\ \le \frac{1}{k^2} \end{cases}$$

k	exakter Wert $1-(\Phi(k)-\Phi(-k))$	Abschätzung $1/k^2$
1	0.317	1
2	0.046	0.25
3	0.003	0.111

ÜBUNGSAUFGABEN

1) Wie groß ist die Wahrscheinlichkeit, mit einem Würfelpaar in mindestens drei von vier Würfen Augenpaare zu werfen?
L: 1.62 %

2) Wie groß ist die Wahrscheinlichkeit, daß von fünf zufällig ausgewählten Personen höchstens eine an einem Samstag geboren ist?
L: 84.82 %

3) In einer Urne befinden sich numerierte Kugeln mit den Nummern '1' bis '10'. Wie groß ist die Wahrscheinlichkeit, unter zehn gezogenen Kugeln (Ziehen mit Zurücklegen) mindestens fünf
a) mit gerader Zahl L: 62.30 %
b) mit durch drei teilbarer Zahl L: 15.03 %
zu haben?

4) In einer Fabrik werden je acht Glühlampen in einem Karton verpackt. Die Wahrscheinlichkeit, daß eine Lampe defekt ist, sei 0.1 . Wie groß ist die Wahrscheinlichkeit, daß in einem Karton
a) mindestens eine L: 56.95 %
b) höchstens eine L: 81.31 %
defekte Lampe enthalten ist?

5) Wie groß ist die Wahrscheinlichkeit, daß von vier zufällig ausgewählten Kartons (Aufg.4)
a) jeder mindestens eine defekte Lampe L: 10.52 %
b) jeder genau eine defekte Lampe L: 2.14 %
c) mindestens einer weniger als zwei defekte Lampen
L: 99.88 %
enthält?

6) Ein Karton (Aufg.4) wird zufällig ausgewählt. Die Wahrscheinlichkeit f(p), daß genau eine Glühlampe daraus defekt ist, soll für p=0.0,0.1,...,1.0 bestimmt werden und graphisch dargestellt werden.
L: 0,38.26,33.55,19.76,8.96,3.13,0.8,0.1,0,0,0 %

7) Ist die Wahrscheinlichkeit größer
a) mit einem Würfel mindestens eine '6' unter 4 Würfen
L: 51.77 %
b) mit einem Würfelpaar mindestens eine '66' unter 24 Würfen
L: 49.14 %

8) Die Spieler aus Beispiel 1 spielen ein Turnier (5 Kämpfe). Die Gewinnprämien sind S 5000,- (für mindestens 4 Siege), S 3000,- (für 3 Siege), S 1000,- (für 2 Siege) und S 200,- (für einen oder keinen Sieg). Welche Gewinnerwartung hat
a) Spieler A , L: 2969.41
b) Spieler B ? L: 1539.39

9) Wie groß ist der Erwartungswert der Anzahl der defekten Lampen in einem Karton aus Aufg.4? L: 0.80
Wie groß ist die Standardabweichung? L: 0.85

1o) In der Produktion von Schläuchen für Autoreifen sind erfahrungsgemäß 6 % defekt. Die Schläuche werden zu je 25 Stück verpackt. Die Wahrscheinlichkeit ist anzugeben, daß eine zufällig ausgewählte Packung
a) drei L: 12.73 %
b) höchstens zwei L: 81.29 %
c) keinen L: 21.29 %
defekten Schlauch enthält.

11) Ein Reifenhändler läßt sich jeden Monat zehn Packungen liefern (Aufg.1o).
a) Der Erwartungswert der Anzahl von defekten Schläuchen ist anzugeben. L: 15
b) Mit welcher Entschädigung kann der Händler rechnen, wenn er je defektem Schlauch S 10,--, bei drei oder mehr defekten Schläuchen in einer Packung zusätzlich eine Vergütung von S 100,-- für diese Packung erhält.
L: 337.11

12) Für Mittelwert und Varianz einer binomialverteilten Größe X gelte: $E\{X\} = 10$, $Var\{X\} = 6$. Die Werte von n und p sind zu ermitteln. L: n=25, p=0.4

13) Das Ereignis A tritt unter fünf unabhängigen Ausführungen eines Experimentes mit einer Wahrscheinlichkeit von 0.9 mindestens einmal ein. Wie groß ist die Wahrscheinlichkeit für A bei einer einmaligen Ausführung des Experimentes?
L: 36.90 %

14) Wie oft muß eine Münze geworfen werden, damit die Wahrscheinlichkeit größer als 0.8 ist, daß mindestens einmal Kopf geworfen wurde? L: 3

15) $X \sim B(10,0.4)$.
a) Gesucht ist der größte Wert k_o, für den gilt:
$P(X \leq k_o) < 0.05$ L: 1
b) Gesucht ist der kleinste Wert k_o, für den gilt:
$P(X \geq k_o) < 0.05$ L: 8

16) Jemand behauptet, ein System zu wissen, mit dem er seine Gewinnchance im Roulette beim Setzen auf Rot oder Schwarz von ca. 0.5 auf 0.75 erhöht. Um seine Behauptung zu prüfen, spielt er 10 Spiele. Die Wahrscheinlichkeiten der folgenden Ereignisse sind zu ermitteln unter den beiden Voraussetzungen: seine Behauptung trifft zu; er hat nur geraten (p=0.5).
a) Er gewinnt bei mindestens einem der Spiele
L: 99.99 %, 99.90 %
b) Er gewinnt bei mindestens 7 der 10 Spiele
L: 77.59 %, 17.19 %
c) Er gewinnt bei höchstens 6 der 10 Spiele
L: 22.41 %, 82.81 %

17) Die Sterbewahrscheinlichkeit betrage für eine bestimmte Krankheit 0.005. Wie groß ist die Wahrscheinlichkeit, daß von 300 Erkrankten
a) drei Personen sterben L: 12.55 %
b) drei oder mehr Personen sterben? L: 19.12 %

18) Die Wahrscheinlichkeit, daß eine Buchseite mehr als 2 Druckfehler enthält, betrage 0.0035. Mit welcher Wahrscheinlichkeit findet sich unter 200 Seiten
a) keine L: 49.66 %
b) mehr als eine L: 15.58 %
Seite mit mehr als zwei Druckfehlern?

19) Eine Packung von Nägeln enthalte 1000 Stück; 0.5 % der produzierten Nägel sind erfahrungsgemäß fehlerhaft. Wie groß ist die Wahrscheinlichkeit, daß in einer Packung
a) mehr als 5 Nägel L: 38.40 %
b) höchstens zehn Nägel L: 98.63 %
fehlerhaft sind?

20) Wie groß ist die Wahrscheinlichkeit, daß in zwei Packungen von Nägeln (Aufg.19) insgesamt
a) mehr als 5 Nägel L: 93.29 %
b) höchstens 10 Nägel L: 58.31 %
fehlerhaft sind?

21) In der Telephonzentrale einer Firma langen je Minute durchschnittlich 2 Telephonate ein. Wie groß ist die Wahrscheinlichkeit, daß im Verlauf einer bestimmten Minute
a) zwei L: 27.07 %
b) höchstens zwei L: 67.67 %
c) vier oder mehr L: 14.29 %
d) kein L: 13.53 %
Telephonat einlangt?

22) Wie groß ist die Wahrscheinlichkeit, daß unter 21 Personen
a) mindestens eine L: 96.07 %
b) höchstens zwei L: 40.58 %
an einem Samstag Geburtstag haben?

23) Wie groß ist die Wahrscheinlichkeit, daß unter den Lampen von 2 zufällig ausgewählten Kartons (Aufg.4) höchstens 2 defekt sind? Verwenden Sie
a) die Binomialverteilung L: 78.92 %
b) die Poissonverteilung. L: 78.34 %
Die Wahrscheinlichkeiten $P(X=k)$, $k=0,\ldots,16$ von a) und b) sind graphisch darzustellen.

24) Wie groß ist die Wahrscheinlichkeit, daß unter 200 Personen
a) mindestens eine L: 42.19 %
b) höchstens zwei L: 98.17 %
heute Geburtstag haben?

25) Elektronische Bauteile werden mit einer Ausschußquote von 1.5 % produziert. Enthält eine ausgelieferte Packung zu 144 Stück mindestens 3 und höchstens 5 defekte Stücke, so bezahlt der Verkäufer S 150,-- , bei mehr als 5 defekten Stücken S 250,-- als Konventionalstrafe. Wie groß ist die zu erwartende Strafe für eine zufällig ausgewählte Packung?
L: S 57.29

26) Ein Liefervertrag für isolierten Draht sieht vor, daß der Abnehmer, wenn er bei Prüfung von zufällig ausgewählten Drahtstücken in der Gesamtlänge von 10 m mehr als 3 Isolationsfehler findet, eine Pönalezahlung von S 500,-- erhält. Die erwartete Pönalezahlung ist zu bestimmen, wenn die durchschnittliche Zahl der Fehler je Meter 0.15 beträgt.
L: S 32.82

27) Bei einem Preisausschreiben gewinnt jeder S 5000,-- , der an einem bestimmten, zufällig ausgewählten Tag Geburtstag hat. Wie groß ist die Wahrscheinlichkeit, daß die vorgesehene Gewinnsumme von S 15000,-- nicht ausreicht, wenn 730 Personen teilnehmen? L: 4.29 %

28) Der Hersteller der Nägel (Aufg.19) behauptet, die Ausschußquote sei 0.25 %; es besteht der Verdacht, daß sie in Wirklichkeit größer ist.
   a) Wie viele der 1000 Nägel in einer Packung müssen mindestens fehlerhaft sein, damit die Wahrscheinlichkeit, so viele oder mehr fehlerhafte Nägel zu finden, weniger als 0.05 beträgt, wenn die Behauptung des Herstellers zutrifft.
   L: 6; $P(X \geq 6)=0.042$
   b) Wie groß ist die Wahrscheinlichkeit dieses Ereignisses, wenn die Ausschußquote in Wirklichkeit 0.5 % beträgt?
   L: 38.40 %

29) Die durchschnittliche Zahl der Druckfehler je Seite eines Setzers sei 3 . Seiten mit 5 oder mehr Druckfehlern werden in einer anderen Abteilung weiterverarbeitet.
   a) Die Wahrscheinlichkeit für 0,1,...,4 Druckfehler je Seite unter der Bedingung, daß höchstens 4 Fehler vorkommen können, ist anzugeben.

L:

0	1	2	3	4
0.061	0.183	0.275	0.275	0.206

   b) Die mittlere Zahl der Druckfehler unter der Bedingung, daß höchstens 4 Fehler vorkommen können, ist anzugeben.
   L: 2.38

3o) Die mittlere Zahl der Kinder in Familien ist anzugeben, die solange Kinder bekommen,
   a) bis ein Knabe zur Welt kommt (Wahrscheinlichkeit für Knabengeburt betrage 0.5) L: 2
   b) wie a), jedoch höchstens 5 Kinder. L: .94

31) Ein Kartenspiel enthält 52 Karten mit je 13 von 4 Farben. Wie groß ist die Wahrscheinlichkeit,
   a) daß ein Spieler in einem Blatt von 13 Karten 2 oder 3 Herzkarten erhält? L: 49.22 %
   b) des Ereignisses von a), wenn näherungsweise die Binomialverteilung verwendet wird? L: 45.75 %
   c) in 2 von 3 unabhängig voneinander ausgegebenen Blättern genau 3 Herzkarten zu erhalten? L: 17.55 %

32) In einer Lieferung von 100 Motoren sind 0,2,4,...,10 defekt. Die Wahrscheinlichkeiten sind zu bestimmen und graphisch darzustellen (Abszisse: Anteil der defekten Motoren), daß in einer Stichprobe von 5 Motoren kein defekter enthalten ist.
   L: 100%, 90.2%, 81.2%, 72.9%, 65.3%, 58.4%

33) Angenommen, es seien 5 defekte Motoren in der Lieferung (Aufg.32).
   a) Welche Werte haben die erwartete Anzahl der defekten Stücke und ihre Varianz? L: 0.25, 0.2279
   b) Wie a) bei näherungsweiser Verwendung der Binomialverteilung. L: 0.25, 0.2375

34) Für die Angaben von Beispiel 7 ist die Wahrscheinlichkeit gesucht, daß
a) höchstens ein unbefruchtetes und höchstens 2 Eier mit männlichen Kücken L: 66.96 %
b) mehr als ein Ei mit männlichen Kücken gebrütet werden. L: 45.10 %

35) Wie groß ist die Wahrscheinlichkeit, aus der Urne (Aufg.3) unter 10 gezogenen Kugeln (Ziehen mit Zurücklegen)
a) zweimal '3', einmal '2' und dreimal '6' zu bekommen? L: 0.30 %
b) viermal eine gerade Zahl, zweimal '1' und dreimal eine ungerade Zahl größer als 3 zu bekommen? L: 2.13 %

36) $X \sim N(2,1)$; es ist zu bestimmen:
a) $P(X \leq 3)$ L: 84.13 %
b) $P(X > 1.5)$ L: 69.15 %
c) $P(0 < X \leq 1.5)$ L: 28.57 %

37) $X \sim N(5,9)$; die Konstante c ist zu ermitteln:
a) $P(X > c) = 0.75$ L: 2.98
b) $P(|X-5| < c) = 0.95$ L: 5.88
c) $P(|X-5| > c) = 0.1$ L: 4.94

38) $X \sim N(\mu,\sigma^2)$; es gilt $P(X \leq 3) = 0.80$. Es ist zu bestimmen:
a) σ wenn $\mu = -2$ L: 5.95
b) μ wenn $\sigma = 2$ L: 1.32

39) $X \sim N(\mu,\sigma^2)$; es gilt $P(\mu-c \leq X \leq \mu+c) = 0.99$. Es ist zu bestimmen
a) c wenn $\sigma = 2$ L: 5.16
b) σ wenn $c = 0.5$ L: 0.194

40) Die Zufallsvariable Y sei die Lebensdauer von Fernsehröhren: $\mu=3$ Jahre, $\sigma=1.5$ Jahre. Mit welcher Wahrscheinlichkeit liegt die durchschnittliche Lebensdauer von 50 Röhren einer Zufallsstichprobe, wenn Y normalverteilt ist:
a) über 3.5 Jahre L: 0.91 %
b) unter 2.8 Jahren? L: 17.36 %

41) Die Lebensdauer von Glühbirnen sei normalverteilt: $\mu=2000$ Stunden, $\sigma=500$ Stunden. Mit welcher Wahrscheinlichkeit versagt eine Glühbirne nach frühestens 2250 Stunden? L: 30.9 %

42) Die Reißfestigkeit von Kettengliedern folge $N(\mu,120)$. Wie groß muß μ mindestens sein, damit höchstens 1 % der Kettenglieder eine Festigkeit von weniger als 1000 kg haben? L: 1025.5 kg

43) Die Stärke eines Papiers sei normalverteilt: $\mu=0.03$ cm, $\sigma=0.004$ cm. Welcher Verteilung folgt die Höhe eines Stoßes von 120 solcher Papiere? L: $N(3.6,0.0019)$

44) Eine Lieferung wird abgelehnt, wenn in einer Stichprobe von 500 Stück 5 oder mehr defekte Stücke enthalten sind. Sind tatsächlich 0.5 % der Stücke defekt, wie groß ist dann die Wahrscheinlichkeit, daß die Lieferung abgelehnt wird? Diese Wahrscheinlichkeit ist auf der Basis der
a) Binomialverteilung L: 10.83 %
b) Poissonverteilung L: 10.88 %
c) Normalverteilung L: 10.20 %
zu berechnen.

45) Eine Münze wird 5Omal geworfen. Wie groß ist die Wahrscheinlichkeit, höchstens 2Omal Kopf zu werfen?
L: 10.20 %

46) Wie oft muß ein Würfel geworfen werden, damit mit einer Wahrscheinlichkeit von 0.5 mindestens 5Omal eine Augenzahl von '6' erzielt wird? L: 297

47) 2 Würfel werden geworfen. Wie viele Würfe sind zu machen, damit die Wahrscheinlichkeit 0.5 beträgt, daß mindestens 1Omal eine Summenaugenzahl von '7' erzielt wird? L: 57

48) Eine Ware wird mit einem Ausschußanteil von 5 % geliefert. Welche Menge enthält mit einer Wahrscheinlichkeit von 0.5 mindestens 120 nichtdefekte Stücke? L: 126

49) Ein Hotel hat 100 Zimmer. Der Besitzer weiß aus Erfahrung, daß 20 % der vorbestellten Zimmer nicht belegt werden. Wie viele Bestellungen könnte er entgegennehmen, wenn er mit einer Wahrscheinlichkeit von 0.95 keinen Gast abweisen möchte?
L: 117

5o) Die Glieder einer Kette aus 145 Gliedern (Aufg.42) werden auf Reißfestigkeit geprüft. Mit welcher Wahrscheinlichkeit müssen weniger als 10 Kettenglieder ersetzt werden, wenn die Glieder bei der Prüfung mit
a) 1020 kg L: 0.0 %
b) 1010 kg L: 28.1 %
c) 1000 kg L: 100.0 %
belastet werden?

Kapitel 7
Konzepte der statistischen Inferenz

Problemstellung der statistischen Inferenz ist die Möglichkeit, aus den Ergebnissen einer Stichprobe Rückschlüsse auf die Grundgesamtheit zu machen, der die Stichprobe entstammt.

Bsp.58: In einer Stadt mit 20.000 Haushalten seien die je Haushalt vorhandenen Radioapparate folgendermaßen verteilt:

X = Zahl der Radios im Haushalt	h(X)
0	0.12
1	0.58
2	0.24
≥ 3	0.06
	1.00

Ein Untersucher, dem diese Verteilung unbekannt ist, möchte auf Grund einer Stichprobe Informationen über das Vorhandensein von Radios bekommen. Dazu definiert er die Zufallsvariable X = Anzahl der Radioapparate, die in einem zufällig ausgewählten Haushalt vorhanden sind; sie hat die Wahrscheinlichkeitsfunktion $f(x) = h(x)$. Die Stichprobe bestehe aus 50 Haushalten: er ordnet dem i-ten Haushalt die Variable X_i zu $(i=1,\ldots$ $\ldots,50)$. Die Auswahl der Haushalte erfolgt unabhängig voneinander (Zufallsstichprobe): die X_i sind unabhängig und identisch verteilte Zufallsvariable. Es gibt $\binom{20000}{50}$ gleichwahrscheinliche Stichproben.

Ziel der Untersuchung können Informationen zur Häufigkeitsverteilung (z.B.: "Wie viele Haushalte haben kein Radio?") oder deren Parameter sein (z.B.: "Wie groß ist die häufigste Zahl von Radios in einem Haushalt?", "Ist es plausibel, daß die mittlere Zahl von Radios weniger als eins sei?").

> *Def.85: Eine Zufallsstichprobe vom Umfang n aus einer Gesamtheit, deren interessierendes Merkmal durch die Zufallsvariable X mit der Wahrscheinlichkeits- bzw. Dichtefunktion f(x) charakterisiert wird, ist eine Menge von n unabhängigen, identisch verteilten Zufallsvariablen $X_1, \ldots, X_n$.*

Vor dem Ziehen einer Stichprobe ist die interessierende Gesamtheit (Grundgesamtheit, Population, statistische Masse) genau festzulegen, d.h. insbesondere , sie zeitlich, räumlich und sachlich genau einzugrenzen; dabei ist es wesentlich, das Ziel der Untersuchung zu berücksichtigen.

Typische Aufgabenstellungen:

(a) Schätzen von Parametern:

für den unbekannten Wert eines Parameters θ von f(x) ist
- ein einzelner Wert $\hat{\theta}$ (Punktschätzer)
- ein Intervall $\hat{\theta}_u < \theta < \hat{\theta}_o$, in dem der unbekannte Wert mit vorgegebener Wahrscheinlichkeit enthalten ist (Konfidenzintervall)

zu bestimmen.

(b) Testen von Hypothesen:
über das Zutreffen einer Behauptung betreffend f(x) ist zu entscheiden.

7.1 Schätzen von Parametern

(a) Allgemeines

> *Def.86: Schätzfunktion $\hat{\theta}$ für einen Parameter θ ist eine Funktion $\hat{\theta}(X_1, \ldots, X_n)$ der Zufallsvariablen $X_1, \ldots, X_n$, und somit auch eine Zufallsvariable. Setzt man die Realisationen $x_1, \ldots, x_n$ für $X_1, \ldots, X_n$, so erhält man eine Realisation der Schätzfunktion, einen Schätzwert (Punktschätzung).*

Bsp.59: Für die Zufallsvariable X gelte $E\{X\} = \mu$. Für die Stichprobe $X_1,\ldots,X_n$ wurden die Werte $x_1,\ldots,x_n$ realisiert. Dem Stichprobenmittelwert

$$\bar{x} = \frac{1}{n} \sum_{i=1}^{n} x_i$$

entspricht die Zufallsvariable

$$\bar{X} = \frac{1}{n} \sum_{i=1}^{n} X_i \quad .$$

Sie ist eine Schätzfunktion $\hat{\mu}$ für den Erwartungswert μ.

Eine Anwendung des Schätzens von Parametern besteht im Anpassen einer bis auf ihre Parameterwerte bekannte Wahrscheinlichkeitsverteilung an eine empirische Häufigkeitsverteilung. Dazu werden die dieser Häufigkeitsverteilung entsprechenden Beobachtungen benützt, um Schätzwerte der unbekannten Parameter zu ermitteln (vergl. Bsp.6o).

(b) Methoden zur <u>Konstruktion von Schätzfunktionen</u>

- <u>Kleinst-Quadrat Schätzung</u> (siehe Kap.3.2)
- <u>Maximum-Likelihood Schätzung</u>: als Schätzfunktion wird jenes $\hat{\theta}$ genommen, für welches die Likelihood-Funktion, d.i. die gemeinsame Wahrscheinlichkeits- bzw. Dichtefunktion, den größten Wert annimmt.
  Liegt der Stichprobe eine diskrete Variable zugrunde, so hat für $\hat{\theta}$ das beobachtete Stichprobenergebnis die größte Wahrscheinlichkeit.

Eine Übersicht über Schätzfunktionen, die häufig Anwendung finden, zeigt die Tafel 6.

Bsp.6o: Auf einer Großbaustelle wurden in einer Periode von 80 Tagen folgende Häufigkeiten von Arbeitsunfällen registriert:

Zahl der Unfälle an einem Tag	0	1	2	3	4
Häufigkeit	34	28	11	5	2

An diese Häufigkeitsverteilung ist eine Poissonverteilung anzupassen.

Parameter	Schätzfunktion	Erwartungswert	Anmerkung
$\mu = E\{X\}$ einer beliebig verteilten Zufallsvariablen X	$\hat{\mu} = \bar{X} = \frac{1}{n}\Sigma X_i$	μ	unter allg. Bedingungen ist $\hat{\mu}$ asymptotisch normalverteilt; $Var\{\hat{\mu}\} = \frac{1}{n} Var\{X\}$
$\sigma^2 = Var\{X\}$ einer beliebig verteilten Zufallsvariable X	(a) $\hat{\sigma}^2 = \frac{1}{n}\Sigma (X_i-\bar{X})^2$	$\frac{n-1}{n}\sigma^2$	
	(b) $\hat{\sigma}^2 = \frac{1}{n-1}\Sigma (X_i-\bar{X})^2$	σ^2	
p der Binomialverteilung: $X \sim B(n,p)$	$\hat{p} = \frac{X}{n}$	p	vergl. $\hat{\mu}$; $Var\{\hat{p}\} = p(1-p)/n$
λ der Poissonverteilung: $X \sim P(\lambda)$	$\hat{\lambda} = \frac{1}{n}\Sigma X_i = \bar{X}$	λ	vergl. $\hat{\mu}$; $Var\{\hat{\lambda}\} = \lambda/n$
β der Exponentialverteilung: $X \sim E(\beta)$	$\hat{\beta} = \frac{1}{n}\Sigma X_i = \bar{X}$	β	vergl. $\hat{\mu}$; $Var\{\hat{\beta}\} = \beta^2/n$

Der Laufindex i aller Summen nimmt die Werte i=1,...,n an. Es handelt sich fast durchwegs um Maximum-Likelihood Schätzfunktionen. Eine Ausnahme ist (b) für σ^2. Gilt $X \sim N(\mu,\sigma^2)$, so ist $\hat{\mu}$ eine Maximum-Likelihood Schätzfunktion für μ, $\hat{\sigma}^2$ (a) eine für σ^2.

Tafel 6: Einige häufig verwendete Schätzfunktionen

Durch Einsetzen in die Schätzfunktion für λ (vergl. Tafel 6) erhält man

$$\hat{\lambda} = \frac{1}{n} \Sigma\, a_i H_i = \frac{1}{80} (1 \cdot 28 + 2 \cdot 11 + 3 \cdot 5 + 4 \cdot 2) = 0.913$$

(c) Kriterien zur Beurteilung von Schätzfunktionen:

- *Erwartungstreue:* $E\{\hat{\theta}\} = \theta$
- *Minimaler mittlerer quadratischer Fehler*

  $E\{(\hat{\theta} - \theta)^2\} = Var\{\hat{\theta}\} + (E\{\hat{\theta}\} - \theta)^2$.

Daneben gibt es noch eine Reihe anderer Kriterien.

(d) Konfidenzintervalle

Def.87: Ein 100·γ %-Konfidenzintervall $\hat{\theta}_u < \theta < \hat{\theta}_o$ *für den Parameter* θ *ist definiert durch*

$$P(\hat{\theta}_u < \theta < \hat{\theta}_o) = \gamma$$

wobei γ *die Konfidenzzahl genannt wird.*

Die untere und obere Intervallgrenze $\hat{\theta}_u$ und $\hat{\theta}_o$ sind wiederum Zufallsvariable.
Sie ergeben sich aus

$$P(\theta < \hat{\theta}_u) = P(\theta > \hat{\theta}_o) = \frac{1}{2}(1 - \gamma) .$$

Zu ihrer Ableitung wird von der Wahrscheinlichkeitsverteilung von $\hat{\theta}$ Gebrauch gemacht (vergl. Kap.8, 9, 1o, 12).

Die Konfidenzzahl γ gibt die Wahrscheinlichkeit an, mit der das zu ermittelnde Konfidenzintervall den Parameter θ enthält. Achtung! Ein realisiertes Konfidenzintervall enthält entweder θ oder enthält θ nicht. Hier ist eine Aussage wie z.B. $P(2.5 < \mu < 3.5) = \gamma$ nicht möglich (μ ist eine - wenn auch unbekannte - fixe Zahl!). Ist jedoch γ hinreichend groß, so wird man auch großes Vertrauen darin setzen können, daß θ in dem Konfidenzintervall enthalten ist.

Bsp.61: Das interessierende Merkmal einer Grundgesamtheit sei repräsentiert durch die Zufallsvariable X mit $X \sim N(\mu,4)$. Ein 90% Konfidenzintervall für μ ist aus n = 16 Stichprobenwerten ($\Sigma x_i = 92.7$) zu bestimmen.

Dazu wird als Schätzfunktion das Stichprobenmittel $\bar{X}$ verwendet. Dafür gilt:

$$\bar{X} \sim N(\mu,\frac{\sigma^2}{n}) = N(\mu,0.25) \quad .$$

Das Konfidenzintervall hat wegen der Symmetrie der Normalverteilung die Form

$$\bar{X} - c < \mu < \bar{X} + c \quad .$$

Es ergibt sich

$$P(\bar{X} - c < \mu < \bar{X} + c) =$$
$$= P(-\mu - c < -\bar{X} < -\mu + c) =$$
$$= P(\mu - c < \bar{X} < \mu + c) =$$
$$= P(- \frac{c}{\sigma}\sqrt{n} < \frac{\bar{X}-\mu}{\sigma}\sqrt{n} < \frac{c}{\sigma}\sqrt{n}) = 2\Phi(\frac{c}{\sigma}\sqrt{n}) - 1 = \gamma \quad .$$

Somit gilt:

$$\Phi(\frac{c}{\sigma}\sqrt{n}) = \frac{1+\gamma}{2} = 0.95 = \Phi(1.645)$$

und

$$c = 1.645 \cdot \frac{\sigma}{\sqrt{n}} = 1.645 \cdot 0.5 \doteq 0.823 \quad .$$

Das 90% Konfidenzintervall für μ ergibt sich auf der Basis des Stichprobenmittelwertes $\bar{X} = 5.79$ zu

$$4.97 < \mu < 6.62 \quad .$$

90 % der Intervalle, die auf der Basis von (wiederholt gezogenen) Stichproben vom Umfang 16 so ermittelt werden, enthalten μ .

7.2 Testen von Hypothesen

Das Testen von Hypothesen ist eine Lösung des Entscheidungsproblems, bei dem die Entscheidung auf der Basis einer Zufallsstichprobe getroffen wird. Die Hypothesen, über die dabei entschieden werden soll, sind Aussagen über die interessierende Grundgesamtheit. Solche Aussagen werden in Bezug auf eine Wahrscheinlichkeitsverteilung dieser Grundgesamtheit formuliert und können

- einen oder mehrere ihrer Parameter betreffen (wie die meisten hier behandelten Verfahren)
- eine sonstige Aussage über eine unbekannte Verteilung, etwa über ihren Typ beinhalten.

Die Entscheidung beim Testen von Hypothesen erfolgt entsprechend der Plausibilität der Stichprobe beim Vorliegen der in Frage stehenden Hypothesen. Die Wahrscheinlichkeit (Plausibilität) der Stichprobe wird auf der Basis einer Funktion der Stichprobe $X_1,\ldots,X_n$, der Teststatistik T, beurteilt.

Bsp.62: Ein Medikament B gegen das Leiden X soll zum medizimischen Gebrauch freigegeben werden. Die interessierende Gesamtheit sind alle (potentiellen) Erkrankten dieses Leidens. Eine Hypothese könnte die Behauptung des Herstellers sein, die Heilungswahrscheinlichkeit p eines mit diesem Mittel behandelten Patienten betrage mehr als 0.60 . Eine andere Hypothese wäre die Behauptung, das Medikament B habe dieselbe Heilungswahrscheinlichkeit wie das Konkurrenzprodukt, Medikament A, nämlich $p = 0.6$.
Eine Stichprobe von 12 Patienten wird mit dem Medikament B behandelt. Als Teststatistik wird

X = Zahl der geheilten Patienten

herangezogen.

Im folgenden wird das Verfahren der Signifikanzteste dargestellt, das Basis der in den folgenden Kapiteln behandelten Teste ist. Bei diesen wird eine sogenannte Null-Hypothese H_o der Alternativhypothese H_A gegenübergestellt. H_o legt die Parameter Θ eines parametrischen Testes zahlenmäßig fest: $\Theta = \Theta_o$; man schreibt kurz: H_o: $\Theta = \Theta_o$. Demgegenüber kann bei Zutreffen von H_A Θ auch einen Wert aus einem Intervall annehmen. Für die Konstruktion der Teste ist allerdings nur entscheidend, ob gilt: H_A: $\Theta > \Theta_o$, oder H_A: $\Theta < \Theta_o$ oder H_A: $\Theta \neq \Theta_o$.

Bsp.63: Für die Angaben des Bsp.62 kann H_o: $p \leq 0.6$ gegen $p > 0.6$ nicht getestet werden.

Die Menge der möglichen Werte der Teststatistik T wird in disjunkte Teilmengen zerlegt, den <u>kritischen Bereich</u> oder <u>Verwerfungsbereich</u> K, und den <u>Annahmebereich</u> K^c. Grenzpunkte zwischen K und K^c werden <u>kritische Schranken</u> genannt. Annahme- bzw. Verwerfungsbereich werden so festgelegt, daß ein $T \in K^c$ bzw. $T \in K$ mit großer Wahrscheinlichkeit realisiert wird, wenn H_o bzw. H_A zutreffen.

Die Entscheidungsvorschrift lautet:

$T \in K$: H_A wird für zutreffend gehalten; man sagt, H_o wird (zugunsten H_A) verworfen, H_A wird akzeptiert.
$T \in K^c$: H_o wird nicht verworfen.

Da auf Grund einer Zufallsstichprobe über die Hypothesen entschieden wird, können folgende Fehler begangen werden:

- *Fehler 1.Art:* die Null-Hypothese wird verworfen, obwohl sie richtig ist.
- *Fehler 2.Art:* die Null-Hypothese wird nicht verworfen, obwohl die Alternative richtig ist.

Entscheidung	Wahrer Zustand H_o trifft zu	H_A trifft zu
H_o wird nicht verworfen: $T \in K^c$	richtige Entscheidung $P(T\in K^c \mid H_o) = 1 - \alpha$	Fehler 2.Art $P(T\in K^c \mid H_A) = \beta$
H_o wird verworfen: $T \in K$	Fehler 1.Art $P(T\in K \mid H_o) = \alpha$	richtige Entscheidung $P(T\in K \mid H_A) = 1 - \beta$

Die Wahrscheinlichkeiten, diese genannten Fehler zu begehen, hängen bei gegebenem Stichprobenumfang von der Wahl der kritischen Schranken ab: mit zunehmendem α wird β geringer. Die Wahrscheinlichkeit, den Fehler 1.Art zu begehen, wird Signifikanzniveau des Testes genannt.

Bei der Konstruktion eines Testes geht man von einem vorgegebenen Wert für α aus und bestimmt die kritische Schranke aus:

$$P(T \in K \mid H_o) \leq \alpha$$

so, daß β, die Wahrscheinlichkeit, den Fehler 2.Art zu begehen, möglichst klein ist.

Bsp.64: Für die Angaben des Bsp.62 soll H_o: $p = 0.6$ gegen H_A: $p > 0.6$ getestet werden. Zur Festlegung von K und K^c ist die kritische Schranke zu bestimmen. Bei Zutreffen von H_o gilt: $X \sim B(12,0.6)$. Aus der Tabelle ergibt sich für ein $\alpha = 0.225$:

$$P(X \geq k_o \mid p=0.6) = \sum_{i=k_o}^{12} \binom{12}{i} \cdot 0.6^i \cdot 0.4^{12-i} = 0.225$$

wenn $k_o = 9$.

x	f(x)	F(x)
0	0.0	0.0
1	0.0	0.0
2	0.002	0.002
3	0.012	0.014
4	0.042	0.056
5	0.101	0.157
6	0.177	0.334
7	0.228	0.562
8	0.213	0.775
9	0.142	0.917
10	0.064	0.981
11	0.017	0.998
12	0.002	1.000

Damit ergibt sich als kritischer Bereich die Menge $K = \{9,10,11,12\}$, der Annahmebereich ist die Menge $K^c = \{1,\ldots,8\}$.

Die Wahrscheinlichkeit $1 - \beta$, zugunsten der zutreffenden Alternative zu entscheiden, heißt Macht (Mächtigkeit) des Testes. Sie hängt vom unbekannten, wahren Wert des in Frage stehenden Parameters ab. Die Gütefunktion stellt die Macht des Testes in Abhängigkeit vom unbekannten, wahren Parameter dar. Analog gibt die Operations-Charakteristik (OC-Kurve) des Testes die Wahrscheinlichkeit für den Fehler 2.Art β in Abhängigkeit vom unbekannten, wahren Parameter an.

Bsp.65: Zum Test aus Bsp.64 sind Gütefunktion und OC-Kurve zu bestimmen.

Die Wahrscheinlichkeit β ergibt sich in Abhängigkeit vom tatsächlichen Wert p:

p	$P(X \leq 8 \mid p)$
0.4	0.985
0.5	0.927
0.6	0.775
0.7	0.507
0.8	0.205
0.9	0.026
1.0	0.000

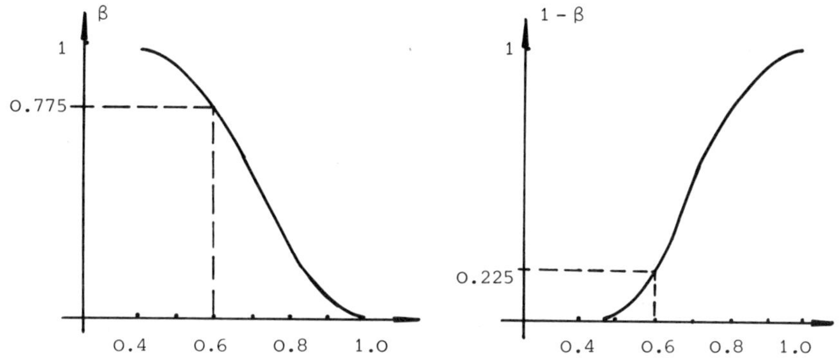

Abb. 14: OC - Kurve (β) und Gütefunktion (1 - β) zu Bsp.64

Zur Wahl von H_o und H_A:

Geeignete H_o und H_A hängen vom Ziel der Analyse ab. Da unter H_o nur ein einziger Wert des Parameters für zutreffend gehalten werden kann, ist es bei genügend großem Stichprobenumfang stets möglich, H_o zu verwerfen; durch die Willkürlichkeit der Festlegung von H_o wird sich die entsprechende Wahrscheinlichkeitsverteilung stets, wenn auch noch so gering, von der tatsächlichen unterscheiden.

Bsp.66: Entsprechend Bsp.65 hat die Macht des Testes aus Bsp.64 für $p = 0.8$ den Wert 0.795 . Erhöht man den Stichprobenumfang von 12 auf 100, so ergibt sich dieselbe Macht für $p = 0.67$.

Die "zu beweisende" Behauptung hat man daher stets als H_A zu wählen.

Bsp.67: a) Der Produzent von Medikament B möchte "beweisen", daß sein neues Medikament besser als das alte Medikament A ist, von dem man aus langjähriger Erfahrung die Heilungswahrscheinlichkeit $p = 0.6$ kennt. Er testet H_o: $p = 0.6$ gegen H_A: $p > 0.6$.

b) Der Erzeuger von A möchte "beweisen", daß B schlechter als A ist. Er testet H_o: $p = 0.6$ gegen H_A: $p < 0.6$.

c) Der Gesundheitsbehörde genügt als Zulassungsbedingung das Nichtverwerfen im Test von H_o: $p = 0.6$ gegen H_A: $p < 0.6$, wobei für $p \leq 0.5$ die Macht des Testes größer als 0.9 sein muß.

<u>Vorgangsweise beim Testen von Hypothesen</u>

(1) Wahl einer geeigneten Null-Hypothese

(2) Festlegung des Signifikanzniveaus α

(3) Berechnung der kritischen Schranke(n)

(4) Berechnung der Gütefunktion des Tests $1 - \beta$

(5) Ziehen einer Stichprobe, Berechnung des Wertes der Teststatistik und Entscheidung

Dieses schrittweise Vorgehen gilt für diskrete wie für stetige Teststatistiken. Beim Testen einer Behauptung über einen beliebigen Parameter Θ auf der Basis der Teststatistik T ergeben sich folgende Fälle:

	H_o	H_A	krit. Schranke(n) berechnet aus	
(1)	$\Theta = \Theta_o$	$\Theta > \Theta_o$	$P(T \geq t_k \mid H_o) = \alpha$	einseitige Teste
(2)	$\Theta = \Theta_o$	$\Theta < \Theta_o$	$P(T \leq t_k \mid H_o) = \alpha$	
(3)	$\Theta = \Theta_o$	$\Theta \neq \Theta_o$	$P(T \leq t_{ku} \mid H_o) = \alpha/2$	zweiseitiger Test
			$P(T \geq t_{ko} \mid H_o) = \alpha/2$	

Die Zahlen t_{ku} und t_{ko} sind die untere und obere Schranke des Annahmebereiches im zweiseitigen Test.
Vergleiche den Annahmebereich eines zweiseitigen Testes (Signifikanzniveau α) mit einem $100(1-\alpha)\%$ Konfidenzintervall.

BEISPIELE

1) Es wurden 100 Schachteln zu je 3 Glühlampen untersucht und folgende Häufigkeiten von defekten Glühlampen je Schachtel festgestellt:

defekte Glühlampen je Schachtel	0	1	2	3
Häufigkeit	88	11	1	0

a) Die Binomialverteilung B(3,p) ist anzupassen.
Als Schätzer für p wird die relative Häufigkeit der defekten Glühbirnen verwendet (vergl. Tafel 6):

$$\frac{88 \cdot 0 + 11 \cdot 1 + 1 \cdot 2 + 0 \cdot 3}{300} = 0.0433$$

Die Zahl der defekten Glühlampen je Schachtel ist demnach nach B(3,0.0433) verteilt.

b) Die erwarteten Häufigkeiten sind zu bestimmen, wenn die Zahl der defekten Glühlampen je Schachtel nach B(3,0.0433) verteilt ist. Die Zahl der Schachteln mit X = i (i=0,...,3) defekten Glühlampen ist verteilt nach M(100;0.8755,0.119, 0.54,0.01), wobei P(X=0) = 0.8755 usw. Die erwarteten Häufigkeiten ergeben sich zu

defekte Glühlampen je Schachtel	0	1	2	3
erwartete Häufigkeit	87.55	11.90	0.54	0.01

2) Eine Krankheit wird mit Medikament A in 50 % der Fälle geheilt. Ein neues Präparat B soll daraufhin untersucht werden, ob die damit behandelten Patienten mit größerer Wahrscheinlichkeit geheilt werden als die mit A behandelten.

a) Geeignete H_o und H_A sind festzulegen.
H_A: die Heilungswahrscheinlichkeit p_B des Medikamentes B ist größer als die Heilungswahrscheinlichkeit p_A von A: $p_B > p_A$;
H_o: $p_B = p_A = 0.5$.

b) Wie viele von 12 in das Experiment einbezogenen Patienten müssen mindestens geheilt werden, wenn das Signifikanzniveau des Testes 0.1 beträgt (und die Wahrscheinlichkeit des Fehlers 2.Art möglichst klein sein soll)?

$$S = \sum_{k=k_o}^{12} \binom{12}{k} \cdot 0.5^{12} < 0.1 = \alpha \quad .$$

k_o	S
8	0.194
9	0.073
10	0.019

Somit ist der kritische Bereich die Menge K = {9,...,12} . Hätte man als kritischen Bereich die Menge {10,...,12} gewählt, so wäre zwar die Wahrscheinlichkeit für den Fehler 1. Art kleiner als 0.1, jedoch - für ein beliebiges $p_B > p_A$ - die Wahrscheinlichkeit für den Fehler 2.Art größer als bei K = {9,...,12}.

c) Die Mächtigkeit des in b) festgelegten Testes ist in Abhängigkeit von p zu bestimmen.

$$1 - \beta = \sum_{k=9}^{12} \binom{12}{k} \cdot p^k \cdot (1-p)^{12-k}$$

p	1-β
0.4	0.015
0.5	0.073
0.6	0.225
0.7	0.493
0.8	0.795
0.9	0.974
1.0	1.000

d) Ein modifiziertes Experiment ergab 22 geheilte unter 30 mit B behandelten Patienten. Eine Entscheidung über die in a) angegebenen Hypothesen ist für $\alpha = 0.05$ zu treffen.

Festlegung von k_o:

$$\sum_{k=19}^{30} \binom{30}{k} \cdot 0.5^{30} = 0.100 \quad ;$$

$$\sum_{k=20}^{30} \binom{30}{k} \cdot 0.5^{30} = 0.049 \quad .$$

Somit wird festgelegt: $k_o=20$. Entscheidung: die Heilungschance von Medikament B wird für größer als 0.5 gehalten.

3) Die Lebensdauer X (in Betriebsstunden) von Produkt A sei verteilt nach

$X \sim N(\mu, 100)$.

a) Die Behauptung soll geprüft werden

H_o: $\mu = 1000$

H_A: $\mu > 1000$

b) Es soll ein Exemplar von A untersucht und anschließend eine Entscheidung getroffen werden; dafür ist ein Test mit $\alpha=0.01$ zu konstruieren.

$$P(X > x_k | \mu = 1000) = 1 - \Phi(\frac{x_k-1000}{10}) = 0.01 \quad .$$

$$\Phi(\frac{x_k-1000}{10}) = 0.99 = \Phi(2.327) \quad .$$

Daraus ergibt sich: $x_k = 1023.27$.

c) Die Mächtigkeit des Testes ist für μ = 1020, 1040 und 1060 anzugeben.

μ	$P(X > 1023.27 \mid \mu)$
1020	0.371
1040	0.953
1060	1.000

d) Die Behauptung ist zu prüfen, daß durch ein neues Verfahren die Lebensdauer verändert wurde; $\alpha=0.05$.

H_o: $\mu = 1000$

H_A: $\mu \neq 1000$

Bestimmung der kritischen Schranken:

$$P(X \leq x_{ku} | \mu = 1000) = \Phi(\frac{x_{ku}-1000}{10}) = 0.025 = \Phi(-1.96)$$

$$P(X > x_{ko} | \mu = 1000) = 1 - \Phi(\frac{x_{ko}-1000}{10}) = 0.025$$

$$\Phi(\frac{x_{ko}-1000}{10}) = 0.975 = \Phi(1.96)$$

Der Annahmebereich ist das Intervall 1000 ± 19.6 .

ÜBUNGSAUFGABEN

1) Die Zahl der Telephonanrufe je Minute wurde eine Stunde lang registriert:

Zahl der Anrufe	0	1	2	3	4
Häufigkeit	25	21	9	4	1

a) Eine Poissonverteilung ist anzupassen. L: P(0.91$\dot{6}$)

b) Die erwarteten Häufigkeiten sind anzugeben.

L:

0	1	2	3	4
24.0	22.0	10.1	3.1	0.7

2) Im Laufe der Saison spielen 2 Tennisspieler 35 Turniere zu 3 Spielen (Kap.6, Beispiel 2). Dabei ergeben sich folgende Häufigkeiten:

Zahl der Siege für A je Turnier	0	1	2	3
Häufigkeit	1	13	14	7

a) Eine Binomialverteilung ist anzupassen. L: B(3;0.59)

b) Die erwarteten Häufigkeiten sind anzugeben, wenn die Zahl der Siege je Turnier von Spieler A tatsächlich der angepaßten Verteilung folgt.

L:

0	1	2	3
2.4	10.4	15.0	7.2

3) Die folgende Tabelle enthält das Gewicht von 400 Kindern

Gewicht	Häufigkeit
17.5-22.5	20
-27.5	33
-32.5	42
-37.5	99
-42.5	111
-47.5	46
-52.5	30
-57.5	19

a) Eine Normalverteilung ist an diese Häufigkeitsverteilung anzupassen (Verwenden Sie die Sheppard-Korrektur).
L: N(37.5,68.0)

b) Die erwarteten Häufigkeiten sind den beobachteten gegenüberzustellen. L: 10.8,31.5,63.1,91.6,90.3,64.5,31.5,10.7

c) 4 Schüler, die zufällig aus den 400 ausgewählt werden, sollen mit einem Aufzug fahren, der höchstens mit 180 kg belastet werden darf. Die Wahrscheinlichkeit ist zu bestimmen, daß der Aufzug überlastet wird. L: 3.44 %

4) Die Tabelle gibt die Lebensdauer (in Monaten) von Bauteilen an.

Lebensdauer	Häufigkeit
0 - 2	23
2 - 4	14
4 - 6	7
6 - 8	3
8 - 10	3

a) Eine Exponentialverteilung ist anzupassen.
L: E(2.96)

b) Die erwarteten Häufigkeiten sind den beobachteten gegenüberzustellen. L: 24.6,12.5,6.4,3.3,1.7
Erwartungsgemäß haben 1.5 eine höhere Lebensdauer als 10 Monate.

c) Ein Gerät enthält 3 Bauteile, die zufällig ausgewählt wurden, in folgender Schaltart:

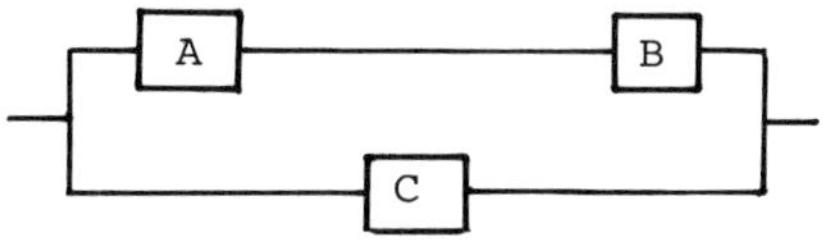

Das Gerät fällt aus, wenn C und (A oder B) ausfallen. Die Wahrscheinlichkeit ist zu bestimmen, daß das Gerät mindestens 2 Monate lang funktioniert. L: 63.6 %

5) Von Werkstücken, die ein Jahr gelagert wurden, sind nur mehr 70 % brauchbar. Nach einer Änderung der Lagerbedingungen wird erwartet, daß der Anteil der brauchbaren Werkstücke zugenommen hat.
a) Eine geeignete Null-Hypothese und eine geeignete Alternative sind festzulegen.
b) Für eine Stichprobe vom Umfang n=10 ist der kritische Bereich zu bestimmen, so daß α=0.15 ist. L: K={9,10}

6) Eine Firma hat seit Jahren einen Marktanteil von 40 %. Ein Marketing Manager möchte die Behauptung prüfen, daß durch eine neue Werbeaktivität
a) der Marktanteil erhöht wurde. In die Untersuchung werden 15 Verkäufe der konkurrierenden Produkte einbezogen. Die Entscheidung ist mit einem Signifikanzniveau α von 0.10 zu treffen. Der kritische Bereich ist anzugeben.
L: $9 \le X \le 15$
b) der Marktanteil verändert wurde (α=0.05); sonst wie a).
L: $0 \le X \le 2, 10 \le X \le 15$
c) Wie b), jedoch werden 200 Verkäufe einbezogen.
L: $0 \le X \le 68, 92 \le X \le 200$

7) Jemand behauptet, ein System zu kennen, mit dem er seine Gewinnchance im Roulette beim Setzen auf Rot oder Schwarz von ca. 0.5 auf 0.75 erhöht (vergl. Kap.6, Aufg.16). Um diese Behauptung zu prüfen, wird getestet:
H_0: p = 0.5; H_A: p > 0.5.
10 Spiele werden gespielt. Die Behauptung wird für richtig gehalten, wenn er in allen 10 Fällen gewinnt.
a) P(Fehler 1.Art) = ? L: 0.1 %
b) Die kleinste Anzahl von Gewinnen ist zu bestimmen, so daß die Wahrscheinlichkeit für den Fehler 1.Art höchstens 0.06 beträgt. L: 8

c) Die Mächtigkeit des Testes aus b) ist für p=0.5,0.6,...,1.0 zu bestimmen und graphisch darzustellen.
L: 0.0547,0.1673,0.3828,0.6778,0.9298,1.0

d) Wie c), wenn 20 Spiele gespielt werden und die Behauptung für richtig gehalten wird, wenn er in mindestens 17 Fällen gewinnt. L: 0.0013,0.0160,0.1071,0.4114,1.0,1.0

Kapitel 8
Inferenz über Erwartungswert und Varianz

Die Inferenz über diese Parameter basiert auf Stichprobenmittelwert und Stichprobenvarianz. Auf ihrer Basis können Konfidenzintervalle und statistische Teste konstruiert werden.

8.1 Die Verteilung des Stichprobenmittelwertes

Das interessierende Merkmal sei repräsentiert durch die Zufallsvariable X mit $E\{X\} = \mu$ und $Var\{X\} = \sigma^2$. Eine Zufallsstichprobe $X_1,\ldots,X_n$ sei realisiert.

(a) Großer Stichprobenumfang (Faustregel: $n > 35$):

> *Satz 88:* *Zentraler Grenzwertsatz: wenn $X_1,\ldots,X_n$ identisch, sonst beliebig verteilte, unabhängige Zufallsvariable mit Mittelwert μ und Varianz σ^2 sind, gilt asymptotisch ($n \to \infty$)*
>
> $$\bar{X} \underset{as}{\sim} N(\mu,\frac{\sigma^2}{n}) \quad .$$

Bei unbekannter Varianz ersetzt man σ^2 durch die Stichprobenvarianz s^2; es gilt auch dann

$$\bar{X} \underset{as}{\sim} N(\mu,\frac{S^2}{n}) \quad .$$

Sind die X_i normalverteilt mit den angegenene Parametern, so gilt - ohne Zentralen Grenzwertsatz, vergl. auch Satz 81 -

$$\bar{X} \sim N(\mu,\frac{\sigma^2}{n}) \quad .$$

Sonderfall: X kann nur die Werte 0 und 1 annehmen:

$$f(x) = \begin{cases} p & , \quad x = 1 \\ 1-p & , \quad x = 0 \end{cases}$$

(vergl. Binomialverteilung $B(1,p)$). Dann ist $\bar{X} = \hat{p}$ die relative Häufigkeit der Merkmalsausprägung $X = 1$:

> *Satz 89: Asymptotische Verteilung der relativen Häufigkeit:*
>
> $$\hat{p} \underset{as}{\sim} N\left(p, \frac{p(1-p)}{n}\right) \quad .$$

Bei unbekanntem p ersetzt man p(1-p)/n durch die Stichprobenvarianz $\hat{p}(1-\hat{p})/n$; es gilt auch dann

$$\hat{p} \underset{as}{\sim} N\left(p, \frac{\hat{p}(1-\hat{p})}{n}\right) \quad .$$

Die entsprechend dem zentralen Grenzwertsatz asymptotische Normalverteilung von $\overline{X}$ bei beliebig verteiltem X wird näherungsweise schon für endliches n (n > 35) verwendet, wobei der damit verbundene Fehler vernachlässigt wird.

(b) Kleiner Stichprobenumfang:

Der zentrale Grenzwertsatz ist nicht anwendbar. Für nicht normalverteilte X kann die Verteilung von $\overline{X}$ nicht ohne weiteres angegeben werden. Bei normalverteiltem X ist $\overline{X}$ bei beliebig großem n normalverteilt (vergl. das unter (a) Gesagte):

$$\overline{X} \sim N\left(\mu, \frac{\sigma^2}{n}\right) \quad .$$

> *Satz 90: Bei normalverteiltem X gilt:*
>
> $$T = \frac{\overline{X}-\mu}{S} \cdot \sqrt{n} \quad \sim \quad t(n-1) \quad ,$$
>
> *wobei* $S^2 = \frac{1}{n-1} \cdot \Sigma (X_i - \overline{X})^2$ *und t(n-1) für die t-Verteilung mit n-1 Freiheitsgraden steht.*

8.2 Die Verteilung der Differenz zweier Stichprobenmittelwerte

Aus zwei Grundgesamtheiten werden zwei unabhängige Zufallsstichproben gezogen.

Grundgesamtheit	I	II
Interessierendes Merkmal: Zufallsvariable	X mit μ_1, σ_1^2	Y mit μ_2, σ_2^2
Stichproben	$X_1,\ldots,X_m$	$Y_1,\ldots,Y_n$
Stichproben-mittelwert	$\bar{X}$	$\bar{Y}$
Varianz des Stichproben-mittelwertes	σ_1^2/m	σ_2^2/n

(a) Große Stichprobenumfänge (Faustregel: m > 35 und n > 35)

Satz 91: *Für beliebig verteilte X und Y gilt entsprechend dem zentralen Grenzwertsatz:*

$$\bar{X} \underset{as}{\sim} N\left(\mu_1, \frac{\sigma_1^2}{m}\right) \quad , \quad \bar{Y} \underset{as}{\sim} N\left(\mu_2, \frac{\sigma_2^2}{n}\right)$$

und

$$\bar{X} - \bar{Y} \underset{as}{\sim} N\left(\mu_1 - \mu_2, \frac{\sigma_1^2}{m} + \frac{\sigma_2^2}{n}\right) \quad .$$

Bei normalverteilten X und Y gilt diese Verteilungsaussage unabhängig vom Stichprobenumfang.

Satz 92: *Für die Differenz zweier relativer Häufigkeiten gilt:*

$$\hat{p}_1 - \hat{p}_2 \underset{as}{\sim} N(p_1 - p_2, \sigma_p^2) \quad \text{mit}$$

$$\sigma_p^2 = \frac{p_1(1-p_1)}{m} + \frac{p_2(1-p_2)}{n} \quad .$$

Bei unbekanntem p_1, p_2 ersetzt man σ_p^2 durch die Varianzschätzung

$$\hat{\sigma}_p^2 = \frac{\hat{p}_1(1-\hat{p}_1)}{m} + \frac{\hat{p}_2(1-\hat{p}_2)}{n} \quad ;$$

es gilt auch dann asymptotisch

$$\hat{p}_1 - \hat{p}_2 \underset{as}{\sim} N(p_1 - p_2, \hat{\sigma}_p^2) \quad .$$

Wenn $p_1 = p_2 = p$:

$$\hat{p}_1 - \hat{p}_2 \underset{as}{\sim} N(0, \hat{\sigma}_p^2)$$

$$\text{mit} \quad \hat{\sigma}_p^2 = \hat{p}(1-\hat{p}) \frac{m+n}{mn}$$

$$\text{und} \quad \hat{p} = \frac{\hat{p}_1 m + \hat{p}_2 n}{m+n} \quad .$$

(b) Kleine Stichprobenumfänge (mindestens einer der beiden Stichprobenumfänge ist klein):

Der Zentrale Grenzwertsatz ist nicht anwendbar. Für nicht normalverteilte X oder Y kann die Verteilung von $\bar{X} - \bar{Y}$ nicht ohne weiteres angegeben werden. Bei normalverteilten X und Y gilt (vergl. das unter (a) Gesagte):

$$\bar{X} - \bar{Y} \sim N(\mu_1 - \mu_2, \frac{\sigma_1^2}{m} + \frac{\sigma_2^2}{n}) \quad .$$

Satz 93: Bei normalverteilten X und Y mit Varianzen $\sigma_1^2 = \sigma_2^2$ gilt:

$$T = \frac{\bar{X} - \bar{Y} - (\mu_1 - \mu_2)}{S} \sim t(m+n-2)$$

wobei

$$S^2 = \frac{(m-1)S_1^2 + (n-1)S_2^2}{m+n-2} \cdot \frac{m+n}{mn} \quad .$$

Achtung: bei unbekannten Varianzen σ_1^2 und σ_2^2 wird ihre Gleichheit vorausgesetzt!

8.3 Die Verteilung der Stichprobenvarianz

(a) Stichprobenvarianz

Von der Zufallsvariablen X mit $X \sim N(\mu, \sigma^2)$, σ^2 unbekannt, wird eine Zufallsstichprobe $X_1, \ldots, X_n$ gezogen.

> *Satz 94: Für die aus der Stichprobenvarianz*
>
> $$S^2 = \frac{1}{n-1} \sum_{i=1}^{n} (X_i - \bar{X})^2$$
>
> *abgeleitete Zufallsvariable T gilt:*
>
> $$T = (n-1) \frac{S^2}{\sigma^2} \sim \chi^2(n-1) \quad .$$

(b) Quotient zweier Stichprobenvarianzen:

Es werden zwei unabhängige Zufallsstichproben gezogen:

Population	I	II
Interessierendes Merkmal: Zufallsvariable	$X \sim N(\mu_1, \sigma_1^2)$	$Y \sim N(\mu_2, \sigma_2^2)$
Stichproben	$X_1, \ldots, X_m$	$Y_1, \ldots, Y_n$
Stichprobenvarianz	$S_1^2 = \frac{1}{m-1} \sum_{i=1}^{m} (X_i - \bar{X})^2$	$S_2^2 = \frac{1}{n-1} \sum_{i=1}^{n} (Y_i - \bar{Y})^2$

> *Satz 95: Für die aus den Stichprobenvarianzen abgeleitete Zufallsvariable T gilt:*
>
> $$T = \frac{S_1^2}{S_2^2} \cdot \frac{\sigma_2^2}{\sigma_1^2} \sim F(m-1, n-1) \quad .$$

8.4 Übersicht über Konfidenzintervalle und Teste

(a) Stichprobenmittelwerte und relative Häufigkeiten (vergl.7.Kap.

Die Größen c_γ, c_α etc. können der Tafel 7 entnommen werden.

100 γ % Konfidenzintervall für den Parameter θ:

$$\hat{\theta} - c_\gamma \sigma_{\hat{\theta}} < \theta < \hat{\theta} + c_\gamma \sigma_{\hat{\theta}}$$

Test: H_o: $\theta = \theta_o$

Alternative	Annahmebereich
H_A: $\theta \neq \theta_o$	$\theta_o - c_{\alpha/2} \cdot \sigma_{\hat{\theta}} < \hat{\theta} < \theta_o + c_{\alpha/2} \cdot \sigma_{\hat{\theta}}$
H_A: $\theta < \theta_o$	$\hat{\theta} > \theta_o - c_\alpha \sigma_{\hat{\theta}}$
H_A: $\theta > \theta_o$	$\hat{\theta} < \theta_o + c_\alpha \sigma_{\hat{\theta}}$

Die Größen $\hat{\theta}$ und $\sigma_{\hat{\theta}}$ sind Zufallsvariable; für die praktische Berechnung eines Konfidenzintervalls bzw. eines Annahmebereiches sind sie durch ihre Stichprobenwerte zu ersetzen.

(b) Stichprobenvarianz normalverteilter Zufallsvariabler

Da χ^2- und F-Verteilung nicht symmetrisch sind, liegen die Grenzen eines Konfidenzintervalls bzw. eines Annahmebereiches für Stichprobenvarianzen und ihre Quotienten auch nicht symmetrisch.

Die Grenzen eines Konfidenzintervalles für σ^2 ergeben sich aus

$$P(c_{u\gamma} < T < c_{o\gamma}) = \gamma$$

mit T aus Satz 94 und

$$F_{\chi^2}(c_{u\gamma}) = \frac{1-\gamma}{2} \quad \text{oder} \quad c_{u\gamma} = \chi^2_{\frac{1-\gamma}{2}}(n-1)$$

$$F_{\chi^2}(c_{o\gamma}) = \frac{1+\gamma}{2} \quad \text{oder} \quad c_{o\gamma} = \chi^2_{\frac{1+\gamma}{2}}(n-1) \quad .$$

θ	$\hat{\theta}$	Bedingungen	$\sigma_{\hat{\theta}}$	c_γ	c_α [2]
μ	$\bar{X}$	'kleines' n			
		X normal verteilt			
		- σ^2 bekannt	$\frac{\sigma}{\sqrt{n}}$	$z_{\frac{1+\gamma}{2}}$	$z_{1-\alpha}$
		- σ^2 unbekannt	$\frac{S}{\sqrt{n}}$	$t_{\frac{1+\gamma}{2}}(n-1)$	$t_{1-\alpha}(n-1)$
		'großes' n			
		X beliebig verteilt			
		- σ^2 bekannt	$\frac{\sigma}{\sqrt{n}}$	$z_{\frac{1+\gamma}{2}}$	$z_{1-\alpha}$
		- σ^2 unbekannt	$\frac{S}{\sqrt{n}}$		
p	$\hat{p}$	'großes' n	$\sqrt{\frac{\hat{p}(1-\hat{p})}{n}}$ [3]	$z_{\frac{1+\gamma}{2}}$	$z_{1-\alpha}$

2) Steht in der Übersicht (S.139) $c_{\alpha/2}$ (zweiseitiger Test), so sind die Perzentile $z_{1-\alpha}$ etc. zu ersetzen durch $z_{1-\alpha/2}$ etc.

3) Im Test von H_0: $p = p_0$ wird $\hat{p}$ durch p_0 ersetzt.

Tafel 7a: Konfidenzintervalle und Annahmebereiche auf der Basis von Stichprobenmittelwerten [1]

1) Die Größe z_p der Variablen $Z \sim N(0,1)$ ist das p-Perzentil und ergibt sich aus $P(Z \leq z_p) = p$; analog ergibt sich das p-Perzentil $t_p(m)$ der Variablen $T \sim t(m)$ aus $P(T \leq t_p(m)) = p$.

θ	$\hat{\theta}$	Bedingungen	$\sigma_{\hat{\theta}}$	c_γ	c_α[2]
$\mu_1-\mu_2$	$\bar{X}-\bar{Y}$	'kleines' m oder n			
		X,Y normal verteilt			
		- σ_1^2, σ_2^2 bekannt	$\sqrt{\frac{\sigma_1^2}{m}+\frac{\sigma_2^2}{n}}$	$z_{\frac{1+\gamma}{2}}$	$z_{1-\alpha}$
		- $\sigma_1^2=\sigma_2^2$ unbekannt	$\sqrt{\frac{(m-1)S_1^2+(n-1)S_2^2}{n+m-2}\cdot\frac{m+n}{nm}}$	$t_{\frac{1+\gamma}{2}}(f)$ $f=m+n-2$	$t_{1-\alpha}(f)$
		'großes' m <u>und</u> n			
		X,Y beliebig verteilt			
		- σ_1^2, σ_2^2 bekannt	$\sqrt{\frac{\sigma_1^2}{m}+\frac{\sigma_2^2}{n}}$	$z_{\frac{1+\gamma}{2}}$	$z_{1-\alpha}$
		- σ_1^2, σ_2^2 unbekannt	$\sqrt{\frac{S_1^2}{m}+\frac{S_2^2}{n}}$		
p_1-p_2	$\hat{p}_1-\hat{p}_2$	'großes' m <u>und</u> n	$\sqrt{\frac{\hat{p}_1(1-\hat{p}_1)}{m}+\frac{\hat{p}_2(1-\hat{p}_2)}{n}}$[4]	$z_{\frac{1+\gamma}{2}}$	$z_{1-\alpha}$

4) Im Test von $H_0: p_1 - p_2 = 0$ wird $\hat{p}_1$ und $\hat{p}_2$ ersetzt durch $\hat{p} = \frac{\hat{p}_1 m + \hat{p}_2 n}{m+n}$, sodaß
$\sigma^2_{\hat{\theta}} = \hat{p}(1-\hat{p})\left(\frac{1}{m}+\frac{1}{n}\right)$.

Tafel 7b: Konfidenzintervalle und Annahmebereiche (Fortsetzung)

Somit gilt:

$$c_{u\gamma} < \frac{S^2(n-1)}{\sigma^2} < c_{o\gamma}$$

bzw.

$$\frac{(n-1)S^2}{c_{o\gamma}} < \sigma^2 < \frac{(n-1)S^2}{c_{u\gamma}} \quad .$$

Analog können kritische Schranken für σ^2 bestimmt werden.

Die kritischen Schranken für den Test von

H_o: $\sigma_1^2 = \sigma_2^2$

H_A: $\sigma_1^2 \neq \sigma_2^2$

ergeben sich aus

$$P(T_{ku} < T < T_{ko}) = 1 - \alpha$$

mit T aus Satz 95 und

$$F_{F(m-1,n-1)}(T_{ku}) = \frac{\alpha}{2} \quad ,$$

$$F_{F(m-1,n-1)}(T_{ko}) = 1 - \frac{\alpha}{2} \quad .$$

Wegen $F_{F(r,s)}(x) = 1 - F_{F(s,r)}(\frac{1}{x})$ kann T_{ku} ermittelt werden aus: $F_{F(n-1,m-1)}(\frac{1}{T_{ku}}) = 1 - \frac{\alpha}{2}$ (vergl. die Tabelle der F-Verteilung).

Somit ergibt sich für die kritischen Schranken:

$$T_{ku} = \frac{1}{F_{1-\alpha/2}(n-1,m-1)} \quad , \quad T_{ko} = F_{1-\alpha/2}(m-1,n-1) \quad .$$

Der Tafel 8 können die Größen c_u, c_o etc. zur Konstruktion von Konfidenzintervallen und Annahmebereichen entnommen werden.

<u>100γ% Konfidenzintervall</u> für θ:

$$c_{u\gamma} < \theta < c_{o\gamma}$$

<u>Test</u>: H_o: $\theta = \theta_o$

θ	$\hat{\theta}$	$c_{u\gamma}$	$c_{o\gamma}$	$c_{u\alpha}$ [1]	$c_{o\alpha}$ [1]
σ^2	S^2	$\frac{(n-1)S^2}{\chi^2_{\frac{1+\gamma}{2}}(n-1)}$	$\frac{(n-1)S^2}{\chi^2_{\frac{1-\gamma}{2}}(n-1)}$	$\chi^2_{\alpha}(n-1)\ \frac{\sigma_o^2}{n-1}$	$\chi^2_{1-\alpha}(n-1)\frac{\sigma_o^2}{n-1}$
$\frac{\sigma_1^2}{\sigma_2^2}$ [2]	$\frac{S_1^2}{S_2^2}$	$\frac{S_1^2}{S_2^2}\cdot\frac{1}{F_{\frac{1+\gamma}{2}}(n-1,m-1)}$	$\frac{S_1^2}{S_2^2}\,F_{\frac{1+\gamma}{2}}(m-1,n-1)$	$\frac{\lambda}{F_{1-\alpha}(n-1,m-1)}$	$\lambda F_{1-\alpha}(m-1,n-1)$

1) Steht in der Übersicht (S.142) $c_{\alpha/2}$ (zweiseitiger Test), so sind die Perzentile $\chi^2_{\alpha}(n-1)$ etc. zu ersetzen durch $\chi^2_{\alpha/2}(n-1)$ etc.

2) Die Null-Hypothese lautet:

$$H_o:\ \frac{\sigma_1^2}{\sigma_2^2} = \lambda$$

Tafel 8: Konfidenzintervalle und Annahmebereiche auf der Basis von Stichprobenvarianzen

Alternative	Annahmebereich
H_A: $\theta \neq \theta_o$	$c_{u,\alpha/2} < \hat{\theta} < c_{o,\alpha/2}$
H_A: $\theta < \theta_o$	$\hat{\theta} > c_{u\alpha}$
H_A: $\theta > \theta_o$	$\hat{\theta} < c_{o\alpha}$

Die Größen $\hat{\theta}$ und $\sigma_{\hat{\theta}}$ sind Zufallsvariable; für die praktische Berechnung eines Konfidenzintervalls bzw. eines Annahmebereiches sind sie durch ihre Stichprobenwerte zu ersetzen.

BEISPIELE

1) Die Körpergröße von Studenten habe einen Mittelwert von 175 cm und eine Standardabweichung von 8 cm.

a) Es ist zu ermitteln, mit welcher Wahrscheinlichkeit der Stichprobenmittelwert der Größe von 100 Studenten zwischen 174 und 176 liegt.

$\bar{X} \underset{as}{\sim} N(175, \frac{64}{100})$, $Z = \frac{\bar{X} - 175}{0.8}$.

Die gesuchte Wahrscheinlichkeit ergibt sich zu

$P(174 < \bar{X} \leq 176) = P(-1.25 < Z \leq 1.25) = 0.789$.

b) Der wahre Mittelwert sei unbekannt; eine Stichprobe (n=48) habe ergeben $\bar{x} = 173.5$. Es ist ein 90% Konfidenzintervall zu ermitteln.

$\sigma_{\bar{x}} = 8/\sqrt{48}$, $c_\gamma = z_{0.95} = 1.645$.

Das 90% Konfidenzintervall auf der Basis dieser Stichprobe hat die Grenzen $173.5 \pm 1.645 \cdot 8/\sqrt{48}$:

$171.6 < \mu < 175.4$.

c) Für die Stichprobe aus b) soll die Behauptung H_o: $\mu = 175$ gegen die Alternative H_A: $\mu < 175$ getestet werden, wobei $\alpha=0.05$. Ermittlung der kritischen Schranke $\bar{x}_k$:

$P(\bar{X} \leq \bar{x}_k | H_o) = \alpha$.

Gilt H_o, dann ist

$\bar{X} \underset{as}{\sim} N(175, 64/48)$;

mit $Z = \frac{\bar{X}-175}{8}\sqrt{48}$

ergibt sich:

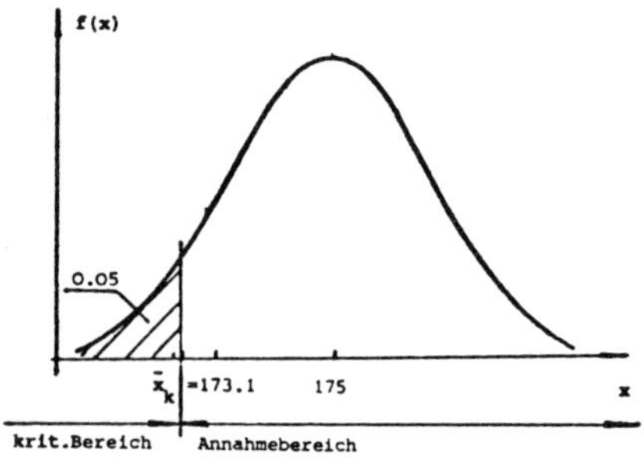

$$P(Z \leq \frac{\bar{x}_k - 175}{8} \sqrt{48}) = \Phi(\frac{\bar{x}_k - 175}{8} \sqrt{48}) = 0.05 = \Phi(-1.645) \quad .$$

Somit ergibt sich:

$$\bar{x}_k = 175 - 1.645 \cdot 8/\sqrt{48} = 173.1 \quad .$$

Aus der Tafel 7 ergibt sich, da X beliebig verteilt ist (die Verteilung ist nicht bekannt), daß n 'groß' und σ^2 bekannt ist: $c_\alpha = z_{0.95} = 1.645$ und somit kann sofort angeschrieben werden:

$$\bar{x}_k = 175 - 1.645 \cdot 8/\sqrt{48} = 173.1 \quad .$$

H_o wird wegen $\bar{x} = 173.5 > 173.1$ nicht verworfen.

d) Falls in Wirklichkeit $\mu = 172$, so ergibt sich für die Mächtigkeit dieses Testes

$$P(\bar{X} \leq 173.1 | \mu = 172) = \Phi(\frac{173.1-172}{8} \sqrt{48}) = \Phi(0.95) = 0.829 \quad .$$

e) Die Körpergröße wievieler Studenten muß erhoben werden, damit, falls tatsächlich gilt: $\mu = 173.5$, die Null-Hypothese H_o mit der Wahrscheinlichkeit 0.9 verworfen wird?
Die kritische Schranke ergibt sich aus

$$P(\bar{X} \leq \bar{x}_k | \mu = 175) = 0.05$$

zu

$$\bar{x}_k = 175 - 1.645 \cdot \frac{8}{\sqrt{n}} \quad .$$

Die Macht des Testes erhält man zu

$$P(\bar{X} \leq \bar{x}_k | \mu = 173.5) = \Phi(\frac{175-1.645 \cdot 8/\sqrt{n} - 173.5}{8} \sqrt{n}) =$$

$$= \Phi(0.1875 \cdot \sqrt{n} - 1.645) = 0.9 = \Phi(1.28) \quad .$$

Daraus ergibt sich

$$\sqrt{n} = \frac{1.28+1.645}{0.1875} = 15.6$$

und $n = 243$.

2) Eine Lieferung von Werkstücken enthält ordnungsgemäße und defekte Elemente.

a) Aus einer Stichprobe (n=64) soll für die unbekannte Ausschußquote p ein Konfidenzintervall (γ=0.95) ermittelt werden. Die Stichprobe ergibt 8 defekte Stücke:

$$\hat{p} = 0.125 \quad .$$

Es gilt:

$\hat{p} \underset{as}{\sim} N(p, \frac{\hat{p}(1-\hat{p})}{n})$.

Entsprechend der Tafel 7 ergibt sich ('großes' n) mit

$\sigma^2_{\hat{p}} = \frac{\hat{p}(1-\hat{p})}{n} = \frac{0.125 \cdot 0.875}{64}$ und $c_\gamma = z_{0.975} = 1.96$

für die Grenzen des Konfidenzintervalls: 0.125 ± 0.081 .
Das 95% Konfidenzintervall auf der Basis dieser Stichprobe ist

$0.044 < p < 0.206$.

b) Muß die Befürchtung des Abnehmers, die Ausschußquote sei größer als 0.08, auf Grund des Stichprobenbefundes ($n=64$, $\hat{p}=0.125$) für zutreffend angesehen werden, wenn $\alpha=0.1$ zugelassen wird?

H_o: $p = 0.08$

H_A: $p > 0.08$.

Entsprechend der Tafel 7 - σ wie in a), $c_\gamma = z_{0.9} = 1.285$ - ergibt sich für die kritische Schranke:

$\hat{p}_k = 0.08 + 1.285 \cdot 0.0339 = 0.1235 < 0.125$.

Die Befürchtung des Abnehmers muß als zutreffend angesehen werden.

c) 2 Stichproben ($m=100$, $n=64$) aus 2 getrennten Lieferungen ergeben $\hat{p}_1=0.15$ und $\hat{p}_2=0.125$. Die Vermutung, daß die tatsächlichen Ausschußquoten nicht übereinstimmen, ist für $\alpha=0.01$ zu prüfen.

H_o: $p_1 = p_2$

H_A: $p_1 \neq p_2$.

Aus der Tafel 7 ergibt sich mit

$\hat{p} = \frac{100 \cdot 0.15 + 64 \cdot 0.125}{100 + 64} = 0.14$, $\sigma^2_{\hat{p}} = 0.14 \cdot 0.86 \cdot \frac{164}{6400} = 0.056^2$

und $c_{\alpha/2} = z_{0.995} = 2.58$ für den Annahmebereich das Intervall

$-0.143 < \hat{p}_1 - \hat{p}_2 < 0.143$.

Die beobachtete Differenz $\hat{p}_1 - \hat{p}_2 = 0.025$ liegt im Annahmebereich; die Null-Hypothese wird nicht verworfen.

3) In Beispiel 1b) sei der Stichprobenumfang n=15. Die Tafel 7 enthält den Fall eines 'kleinen' Stichprobenumfanges nur für eine normalverteilte Zufallsvariable. Da das im vorliegenden Beispiel nicht unterstellt werden kann, wird das Konfidenzintervall mit Hilfe der Tschebyscheff'schen Ungleichung bestimmt:

$$P(\bar{X}-c \leq \mu \leq \bar{X}-c) = 1 - P(|\bar{X}-\mu| > c)$$

$$P(|\bar{X}-\mu| > k\sigma_{\bar{X}}) \leq \frac{1}{k^2} = 1 - \gamma = 0.1 \quad .$$

Daraus kann k bestimmt werden: $k = 1/\sqrt{0.1} = 3.16$. Die Grenzen des Konfidenzintervalls ergeben sich zu $173.5 \pm 3.16 \cdot 8/\sqrt{15} = 173.5 \pm 6.53$. Das 90% Konfidenzintervall lautet somit:

$$166.97 < \mu < 180.03 \quad .$$

Wäre X normalverteilt, so würde sich das kürzere Intervall $170.09 < \mu < 176.91$ ergeben.

4) a) Die je Flasche abgefüllte Menge X eines Füllautomaten sei normalverteilt mit $\mu=505$ cm³. Die Wahrscheinlichkeit ist zu bestimmen, daß der Stichprobenmittelwert von 10 Flascheninhalten geringer als 500 cm³ ist, wenn $\sigma^2=35$.

$\bar{X} \sim N(505,3.5)$

$$P(\bar{X}\leq 500) = \Phi\left(\frac{500-505}{\sqrt{3.5}}\right) = \Phi(-2.67) = 0.004 \quad .$$

b) Der wahre Mittelwert μ sei unbekannt. Ein Konfidenzintervall ($\gamma=0.95$) für μ ist aus der Stichprobe (n=16) mit $\bar{x}=503.7$ zu bestimmen, wenn $\sigma^2=35$.

Mit $c_\gamma = z_{0.975} = 1.96$ ergibt sich für die Grenzen des Konfidenzintervalls: $503.7 \pm 1.96 \cdot \sqrt{35}/\sqrt{16} = 503.7 \pm 2.9$. Das 95% Konfidenzintervall auf der Basis dieser Stichprobe lautet:

$$500.8 < \mu < 506.6 \quad .$$

c) Die Behauptung H_O: $\mu = 505$ ist zu testen gegen H_A: $\mu \neq 505$ (α=0.05). Eine Stichprobe ergibt einen Mittelwert von 503.7 aus n=16 Beobachtungen.

Mit $c_{\alpha/2} = z_{0.975} = 1.96$ ergibt sich für die kritischen Schranken:

$\bar{x}_{ku} = 505-1.96\cdot\sqrt{35}/\sqrt{16} = 505 - 2.9 = 502.1$,

$\bar{x}_{ko} = 505 + 2.9 = 507.9$.

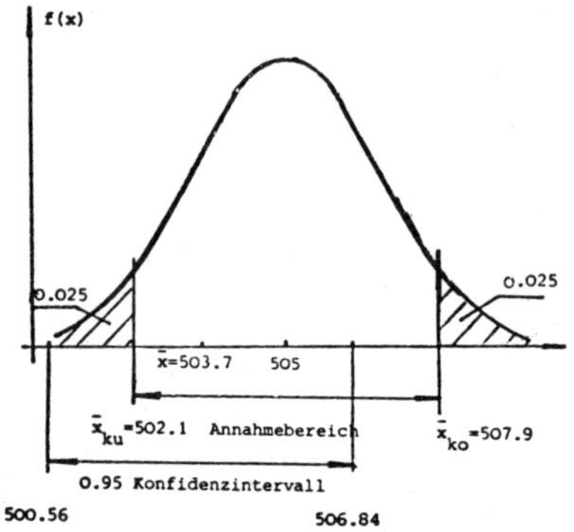

Der beobachtete Wert $\bar{x} = 503.7$ liegt im Annahmebereich

$502.1 < \bar{X} < 507.9$

d) Das Konfidenzintervall für μ von b) ist zu bestimmen, wobei für die unbekannte Varianz aus den Stichprobenwerten der Schätzwert $s^2 = 34.8$ ermittelt wurde.

Mit $c_\gamma = t_{0.975}(15) = 2.131$ ergibt sich für die Grenzen $503.7 \pm 2.13\cdot\sqrt{34.8}/\sqrt{16} = 503.7 \pm 3.14$. Das Konfidenzintervall lautet:

$500.56 < \mu < 506.84$.

5) Der Durchmesser X von Kugellagerkugeln sei normalverteilt nach $X \sim N(10,\sigma^2)$. Die Stichprobenvarianz von n=25 Kugeldurchmessern beträgt $s^2 = 0.2$.

a) Berechnung eines 90% Konfidenzintervalls für die unbekannte Varianz σ^2: entsprechend der Tafel 8 ergibt sich mit

$\chi^2_{0.95}(24) = 36.4$ und $\chi^2_{0.05}(24) = 13.8$

für die Intervallgrenzen:

$$\frac{24.0\cdot 2}{36.4} = 0.132 < \sigma^2 < \frac{24.0\cdot 2}{13.8} = 0.348 \quad .$$

b) Es ist zu testen (α=0.05):

H_o: $\sigma^2 = 0.1$

H_A: $\sigma^2 > 0.1$.

Für die kritische Schranke s_k^2 ergibt sich entsprechend der Tafel mit

$\chi^2_{0.95}(24) = 36.4$

der Wert

$s_k^2 = 0.152 < 0.2$;

es muß angenommen werden, daß die Varianz der Kugeldurchmesser größer als 0.1 ist.

c) In einer zweiten Stichprobe wurde aus n=21 Beobachtungen eine Varianz $s_2^2 = 0.15$ ermittelt. Die Null-Hypothese

H_o: $\sigma_1^2 = 2\sigma_2^2$

ist gegen

H_A: $\sigma_1^2 \neq 2\sigma_2^2$

zu prüfen (α=0.10).

Wegen $s_1^2/s_2^2 = 0.2/0.15 = 1.33 \in (c_{u,0.05}, c_{o,0.05}) = (0.98, 4.15)$ wird H_o nicht verworfen.

ÜBUNGSAUFGABEN

1) 36 Realisationen einer Zufallsvariablen bilden eine Stichprobe. Wie viele Realisationen derselben Zufallsvariablen muß eine zweite Stichprobe umfassen, damit die Standardabweichung des zweiten Stichprobenmittelwertes 2/3 der des ersten beträgt?
L: 81

2) Welches Verhältnis bilden die Umfänge zweier Stichproben der gleichen Zufallsvariablen, wenn die Standardabweichung des zweiten Stichprobenmittelwertes das k-fache der Standardabweichung des ersten ist?
L: $n_1 : n_2 = k^2 : 1$

3) Für X gilt: $\mu = 72$, $\sigma = 3$; wie groß ist die Wahrscheinlichkeit, daß für den Mittelwert aus einer Stichprobe von 80 Werten gilt:
a) $\bar{X} \leq 71.7$ L: 18.67 %
b) $\bar{X} > 72.5$ L: 6.81 %

4) Für welchen Wert c gilt (Aufg.3):
a) $P(\bar{X} > c) = 0.90$ L: 71.57
b) $P(\bar{X} > c) = 0.95$ L: 71.45

5) Das Gewicht einer Bevölkerung sei nach N(72,100) verteilt. Wie groß muß der Stichprobenumfang gewählt werden, damit das mittlere Gewicht der Personen mit einer Wahrscheinlichkeit von 0.9 mehr als 70 kg beträgt?
L: 41

6) Die Zufallsvariable Y steht für das Gewicht von Äpfeln. Es gilt: $\mu = 15$ dag, $\sigma = 3$ dag. In einem Karton befinden sich 36 zufällig ausgewählte Äpfel. Mit welcher Wahrscheinlichkeit ist das Durchschnittsgewicht
a) geringer als 16 dag L: 97.72 %
b) größer als 14.5 dag L: 84.13 %
c) zwischen 14 und 16 dag? L: 95.45 %

7) In welchem symmetrischen Intervall um den Mittelwert wird $\bar{X}$ (Aufg.3) mit einer Wahrscheinlichkeit von
a) 90 % L: (71.45,72.55)
b) 95 % L: (71.34,72.66)
c) 99 % L: (71.13,72.87)
realisiert?

8) In welchem Intervall um den Mittelwert wird $\bar{X}$ (Aufg.3, jedoch X normalverteilt) mit einer Wahrscheinlichkeit von 0.9 realisiert, wenn die Zahl der Stichprobenwerte
a) 10 L: (70.44,73.56)
b) 20 L: (70.90,73.10)
c) 40 L: (71.22,72.78)
ist? In welchem Verhältnis stehen die Intervallängen?
L: $2 : \sqrt{2} : 1$

9) Wie groß muß der Stichprobenumfang gewählt werden, damit ein symmetrisches Intervall um den Mittelwert, in dem $\bar{X}$ (Aufg.3) mit einer Wahrscheinlichkeit von 0.95 liegt, höchstens die Länge 1 hat?
L: 139

10) Von der Zufallsvariablen X mit $\sigma^2 = 36$ wird eine Stichprobe vom Umfang 36 gezogen: $\bar{x} = 108$. Es ist ein 95% Konfidenzintervall für den Mittelwert anzugeben.
L: (106.04,109.96)

11) Wie groß muß der Stichprobenumfang in Aufg.1o gewählt werden, damit das Konfidenzintervall eine Länge von höchstens 2 hat?
L: 139

12) Wie groß muß der Stichprobenumfang in Aufg.1o gewählt werden, damit ein 99% Konfidenzintervall eine Länge von höchstens 2 hat?
L: 240

13) Welches Konfidenzintervall ergibt sich (Aufg.1o), wenn X normalverteilt, σ^2 unbekannt ist und $s^2 = 42$ bei einem Stichprobenumfang von
a) 31 L: (105.63,110.37)
b) 51 L: (106.18,109.82)oder(106.22,109.78)
c) 201? L: (107.10,108.90)

14) Die Standardabweichung der Größe von Bewohnern der Stadt A sei 6.4 cm. Der Mittelwert der Größen von 100 zufällig ausgewählten Bewohnern ergab sich zu 171.3 cm. Welche Grenzen hat ein
a) 99%- L: (169.65,172.95)
b) 98%- L: (169.8,172.8)
Konfidenzintervall für den unbekannten Mittelwert?

15) In der Stadt B sei die Standardabweichung der Größe der Bewohner 6.3 cm. Der Mittelwert der Größe von 80 zufällig ausgewählten Personen ergab sich zu 174.9 cm. Welche Grenzen hat ein 95% Konfidenzintervall für die Differenz $\mu_A - \mu_B$, wenn μ_i (i=A,B) der Mittelwert der Größe der Bewohner von i ist (A aus Aufg.14)?
L: (-5.47,-1.73)

16) Die Standardabweichungen in Aufg.14 und 15 seien unbekannt; Schätzer seien $s_A = 6.7$ cm, $s_B = 6.0$ cm. Welche Grenzen hat unter diesen Bedingungen das Konfidenzintervall (Aufg.15)?
L: (-5.46,-1.74)

17) Wieviele Stichprobenwerte müssen ermittelt werden (Aufg.14), damit ein 99% Konfidenzintervall eine Länge von höchstens 5 cm hat?
L: 44

18) Für X gilt: $\sigma^2 = 25$. Eine Stichprobe vom Umfang 16 ergibt: $\bar{x}=22$. Ein 95% Konfidenzintervall für den Mittelwert ist
a) unter Annahme der Normalverteilung L: (19.55,24.45)
b) unter Benutzung der Tschebyscheff'schen Ungleichung
L: (16.41,27.59)
zu berechnen.

19) Der Mittelwert aus 4 unabhängigen Messungen eines Gewichtes sei 225 kg. Die Standardabweichung, mit der die Waage anzeigt, sei 4 kg. Ein 90% Konfidenzintervall für das tatsächliche Gewicht ist zu berechnen:

a) unter Annahme der Normalverteilung des Meßfehlers
L: (221.7,228.3)
b) ohne diese Annahme. L: (218.7,231.3)

2o) Ein Entfernungsmesser wird mit einem Fehler abgelesen, dessen Standardabweichung 2 m beträgt. Wie viele unabhängige Messungen müssen vorgenommen werden, damit mit einer Sicherheit von mindestens 0.99 der Fehler einer Entfernungsangabe höchstens 1.5m beträgt?
a) Der Ablesefehler sei normalverteilt. L: 12
b) Seine Verteilung sei unbekannt. L: 178

21) Auf 2 Entfernungsmessern (I, II) werden 10 bzw. 12 unabhängige Messungen einer Distanz vorgenommen. Die Ablesungen betragen im Mittel $\bar{x}_I = 804$ m und $\bar{x}_{II} = 798$ m; ihre Standardabweichungen $s_I = 2.9$ m und $s_{II} = 2.4$ m. Der Meßfehler wird als normalverteilt angenommen.
a) Ein 95% Konfidenzintervall für die Differenz der tatsächlichen Längen ist anzugeben. L: (3.64,8.36)
b) Welche Voraussetzung muß in a) über die Varianz der Meßfehler gemacht werden?

22) Unter 100 unabhängigen Wiederholungen eines Versuches trat das Ereignis A 35-mal ein. Ein Konfidenzintervall mit
a) 90% L: (0.26,0.44)
b) 80% L: (0.29,0.41)
als Konfidenzzahl ist für die Wahrscheinlichkeit des Ereignisses A zu bestimmen.

23) Durch Behandlung mit einem Medikament A wurden 12 von 48 Patienten geheilt. Für die Wahrscheinlichkeit geheilt zu werden ist ein 95% Konfidenzintervall zu bestimmen.
L: (0.13,0.37)

24) Mit einem anderen Medikament B wurden 24 von 42 Patienten geheilt. Welche Grenzen hat ein 99% Konfidenzintervall für die Differenz $p_B - p_A$ (A aus Aufg.23)? L: (0.067,0.576)

25) In einer Studie wurde das Heiratsalter von Frauen aus 2 Personengruppen A, B untersucht. Dazu wurde eine Stichprobe von 100 Frauen aus jeder Region befragt. Auf die Frage "Heirateten Sie, bevor Sie 19 Jahre alt waren?", antworteten

	Region A	Region B
ja	62	29
nein	38	71

Ein 95% Konfidenzintervall für $p_A - p_B$ ist zu berechnen, wobei p_A (p_B) der wahre Anteil der Frauen in Region A (B) ist, die mit weniger als 19 Jahren heirateten. L: (0.20,0.46)

26) Es gelte: $X \sim N(\mu,4)$. Eine Stichprobe vom Umfang 25 ergab $\bar{x} = 14.7$. Es ist die Hypothese H_o: $\mu=14$ gegen die Alternative
a) H_A: $\mu > 14$ L: $K^c=(-\infty,14.66)$
b) H_A: $\mu < 14$ L: $K^c=(13.34,\infty)$
c) H_A: $\mu \neq 14$ L: $K^c=(13.22,14.78)$
zu testen ($\alpha=0.05$).

27) Wie Aufg.26, jedoch $\alpha=0.01$. L: a) $K^c=(-\infty,14.93)$
b) $K^c=(13.07,\infty)$
c) $K^c=(12.97,15.03)$

28) Für den Test aus Auf.26 a) ist die Mächtigkeit für
a) $\mu = 14.7$ L: 53.98 %
b) $\mu = 15$ L: 80.23 %
c) $\mu = 15.5$ L: 98.21 %
zu bestimmen.

29) Der Durchmesser eines Drehstückes beträgt im Durchschnitt von 121 Stichprobenwerten $\bar{x} = 15.1$ mm. Die Durchmesser streuen erfahrungsgemäß mit $\sigma=0.2$ mm. Die Hypothese H_o: $\mu=15$ mm ist gegen H_A: $\mu>15$ mm zu prüfen ($\alpha=0.05$).
L: $K^c=(-\infty,15.03)$

30) a) Die Mächtigkeit des Testes (Aufg.29) ist für $\mu=15.05$ zu bestimmen. L: 86.43 %
b) Bei welchem Stichprobenumfang ist für $\mu=15.05$ die Macht des Testes mindestens 0.9? L: 164

31) Ein Geflügelhändler bezieht von einer Geflügelfarm Truthühner mit einem vereinbarten mittleren Gewicht von 6 kg. Eine Stichprobe von 60 Hühnern ergibt einen Mittelwert $\bar{x} = 5.63$ kg und ein $s = 2.5$ kg. Es ist zu prüfen, ob der Verdacht des Händlers begründet ist, daß das mittlere Gewicht geringer sei ($\alpha=0.05$). L: $K^c=(5.46,\infty)$

32) Die Mächtigkeit des Testes (Aufg.31) ist im Bereich $5 < \mu < 7$ graphisch darzustellen.

33) Eine Meinungsumfrage unter 400 Studenten ergab, daß im Mittel 5.1 Bücher/Jahr gelesen werden; $s = 6$ Bücher/Jahr. Es sei bekannt, daß in der gesamten Population im Durchschnitt 4 Bücher/Jahr gelesen werden. Die Behauptung ist zu prüfen ($\alpha=0.01$), daß die Lesegewohnheiten der Studenten von denen der Gesamtpopulation verschieden sind. L: $K^c=(3.23,4.78)$

34) Es gelte $X \sim N(\mu,\sigma^2)$. Eine Stichprobe vom Umfang 16 ergab $\bar{x} = 62$, $s = 7$. Die Hypothese H_o: $\mu=65.5$ ist gegen die Alternative
a) H_A: $\mu < 65.5$ L: $K^c=(62.44,\infty)$
b) H_A: $\mu \neq 65.5$ L: $K^c=(61.77,69.23)$
zu testen ($\alpha=0.05$).

35) Wie Aufg.34, jedoch $\alpha=0.01$.
L: a) $K^c=(60.95,\infty)$
b) $K^c=(60.34,70.66)$

36) Eine Autotype braucht laut Hersteller 10 l Bezin/100 km. Der Verbrauch wird als normalverteilt angenommen. Ein Test von 31 dieser Autos ergibt einen mittleren Verbrauch von 10.5 l/100 km und eine Standardabweichung von 0.6 l/100 km. Eine Konsumentenschutz-Zeitschrift behauptet, der Verbrauch sei höher als vom Werk angegeben (10 l/100 km). Kann diese Behauptung auf der Basis dieser Daten gehalten werden ($\alpha=0.01$)?
L: $K^c=(-\infty,10.27)$

37) Es ist die Behauptung zu prüfen, daß die Heilchance (Aufg.23) geringer als 0.30 sei ($\alpha=0.05$).
L: $K^c=(0.19,1]$

38) Der Geflügelhändler (Aufg.31) erhält eine weitere Sendung. Eine Stichprobe von 30 Hühnern hat ein Durchschnittsgewicht von 5.95 kg und ein s = 2.4 kg. Unter der Annahme, daß für das Gewicht der Hühner der beiden Lieferungen gilt: $X_1 \sim N(\mu_1,\sigma^2)$, $X_2 \sim N(\mu_2,\sigma^2)$, ist zu prüfen ($\alpha$=0.05):
H_o: $\mu_1 = \mu_2$ gegen H_A: $\mu_1 \neq \mu_2$. L: $t=0.58 \in (-1.99,1.99)$

39) Der Benzinverbrauch der beiden Autotypen A und B wurde stichprobenweise erhoben:
A: 20.3, 13.7, 13.8, 12.4, 16.0, 12.5, 19.4, 30.1, 35.6, 24.6
B: 19.9, 13.2, 11.7, 14.6, 14.1, 21.8, 25.5, 35.1, 25.5, 8.8
Unter der Annahme, daß der Benzinverbrauch der beiden Autotypen normalverteilt mit gleicher Varianz ist, soll geprüft werden, ob ihr mittlerer Benzinverbrauch als verschieden angesehen werden kann (α=0.05). L: $t=0.23 \in (-2.10,2.10)$

40) Die Behauptung ist zu prüfen, daß die Medikamente (Aufg.24) verschiedene Heilchancen haben (α=0.05).
L: $0.321 \notin (-0.203,0.203)$

41) Eine Messung sei mit einem normalverteilten Meßfehler behaftet. Eine Stichprobe von 25 Messungen ergab: $\bar{x}$ = 100 cm, s = 1 cm. Ein 95% Konfidenzintervall für
a) μ L: (99.59,100.41)
b) σ^2 L: (0.61,1.94)
ist zu bestimmen.

42) Eine Längenmessung sei mit einem normalverteilten Meßfehler behaftet. 20 unabhängige Messungen eines Gegenstandes ergaben: $\bar{x}$ = 106 cm, s = 1.5 cm. Es sind 95% Konfidenzintervalle für
a) μ L: (105.3,106.7)
b) σ^2 L: (1.3,4.8)
zu ermitteln.

43) Die Dauer der Bohrvorgänge an einem Werkstück sei normalverteilt. Aus 101 Beobachtungen wurde eine Varianz von 32 Sekunden festgestellt. Ein
a) 95% Konfidenzintervall L: (24.69,43.13)
b) 99% Konfidenzintervall L: (22.83,47.55)
für σ^2 ist zu bestimmen.

44) a) Für die Angaben von Aufg.43 ist die Behauptung H_o: σ^2=30 sec zu prüfen, wobei die Alternative lautet: H_A: $\sigma^2 > 30$ sec (α=0.05). L: $K^c=(0,37.29)$
b) Einen Tag später wurde einer weitere Stichprobe gezogen: n = 41, s^2 = 28 sec. Die Behauptung, die Varianzen hätten sich geändert, ist zu prüfen (α=0.1).
L: $T=1.14 \in (0.66,1.59)$

45) In einem Versuch mit einem Düngemittel wurden die folgenden Hektarerträge in Tonnen ermittelt:
40, 42, 56, 29, 49, 37, 14, 25 .
Daneben gemessene Kontrollwerte lauten:
27, 37, 37, 53, 30, 37, 30, 21 .
a) Können die Varianzen dieser beiden Stichproben als verschieden angesehen werden (α=0.10)?
L: $1.99 \in (0.26,3.79)$
b) Kann die Behauptung akzeptiert werden, daß das Düngemittel eine ertragssteigernde Wirkung hat (α=0.05)?
L: $t=0.43 \in (-\infty,1.76)$

46) Folgende Tabelle stellt die Häufigkeitsverteilung des Körpergewichtes (in Pfund) von Kindern im Alter von 10.5 bis 11.5 Jahre in einer Region A dar:

Klasse	a_i	H_i
[43,53)	48	22
[53,63)	58	205
[63,73)	68	268
[73,83)	78	83
[83,93)	88	15
[93,103)	98	1

a) Die Behauptung ist zu testen, daß das durchschnittliche Körpergewicht größer als 65 Pfund ist (α=0.05).
   L: $65.7 \notin (-\infty, 65.6)$

b) Die Mächtigkeit des Testes aus a) ist zu berechnen, wenn das durchschnittliche Körpergewicht tatsächlich 66 Pfund beträgt.
   L: 87.9%

c) Eine zweite Stichprobe von 498 Kindern aus einer Region B ergab: $\bar{x} = 64.28$ Pfund, $s^2 = 73.74$. Kann das durchschnittliche Körpergewicht der Kinder aus Region A und Region B als gleich angesehen werden (α=0.05)?
   L: $1.48 \notin (-1.01, 1.01)$

47) Der Durchmesser eines Drehstückes sei normalverteilt.

a) Eine Stichprobe vom Umfang 16 ergibt s=0.83mm. Kann die Behauptung als zutreffend angesehen werden, daß σ>0.8mm (α=0.05)?
   L: $0.69 \in [0, 1.07)$

b) Eine spätere Stichprobe von 21 Werkstücken ergibt s=0.76mm. Die Behauptung ist zu prüfen, daß sich die Varianz geändert hätte (α=0.1).
   L: $1.19 \in (0.42, 2.12)$

c) Wie b); die Behauptung ist zu prüfen, daß sich die Varianz um 25% verringert hätte (α=0.10).
   L: $1.19 \in (0.56, 2,83)$

Kapitel 9
Regressionsanalyse[1)]

In diesem Abschnitt wird das einfache, lineare Regressionsmodell behandelt, das auch schon im Kapitel 3 als Trendfunktion verwendet wurde.

Def.96: Regressionsmodell: $Y = a + bX + u$ Y: *endogene Variable* , X: *exogene (Regressor-) Variable* , u: *Störgröße:* $E\{u\} = 0$, $Var\{u\} = \sigma^2$, a, b: *Regressionskoeffizienten* .

Den Regressionskoeffizienten a nennt man auch Interzept.
Die endogene Variable Y ist stets eine Zufallsvariable, während die exogene Variable X zufälligen Charakter haben kann. Im Kapitel 3 wurde als Regressorvariable in der Regel die Zeit verwendet, die eine nicht-zufällige Größe ist. In diesem Kapitel wird so getan, als wäre X nicht-zufällig; ist X tatsächlich eine Zufallsvariable, so gelten die Ergebnisse unter der Bedingung der beobachteten Werte.

9.1 Schätzen der Parameter

Schätzwerte für die Regressionskoeffizienten a und b und die Varianz σ^2 der Störgrößen sollen auf der Basis der Stichprobe $(x_1, Y_1), \ldots, (x_n, Y_n)$ ermittelt werden. Die den Beobachtungen entsprechenden $u_1, \ldots, u_n$ sind unabhängige Realisationen der Störgröße u.

1) Der Laufindex i aller Summen dieses Abschnittes nimmt die Werte $i=1, \ldots, n$ an.

(a) Regressionskoeffizienten

Dazu kann die Methode der Kleinsten Quadrate verwendet werden (vergl. Kap.3.2). Die entsprechenden Schätzfunktionen ergeben sich durch Minimieren von $\Sigma u_i^2 = S(a,b)$.

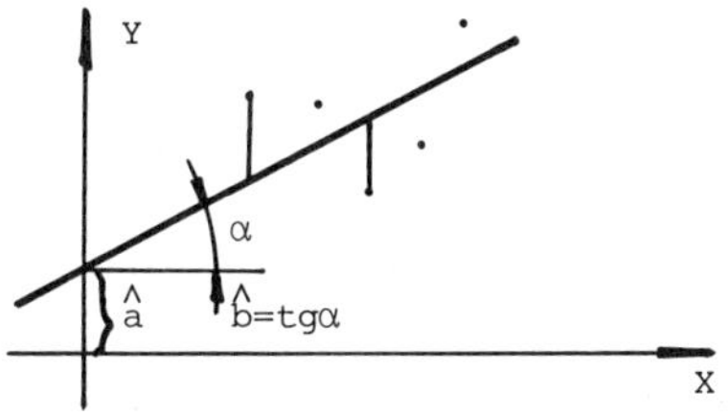

Satz 97: Schätzfunktionen der Regressionskoeffizienten:

$$\hat{b} = \frac{n\Sigma x_i Y_i - \Sigma x_i \Sigma Y_i}{n^2 S_{xx}} ,$$

$$\hat{a} = \frac{\Sigma Y_i \Sigma x_i^2 - \Sigma x_i \Sigma x_i Y_i}{n^2 S_{xx}} = \bar{y} - \hat{b}\bar{x} ,$$

$$\text{wobei } S_{xx} = \frac{1}{n} \Sigma x_i^2 - \bar{x}^2 .$$

Erwartungswert und Varianz dieser Schätzfunktionen ergeben sich zu

$$E\{\hat{a}\} = a , \quad Var\{\hat{a}\} = \sigma_a^2 = \sigma^2 \frac{\Sigma x_i^2}{n^2 S_{xx}}$$

und

$$E\{\hat{b}\} = b , \quad Var\{\hat{b}\} = \sigma_b^2 = \sigma^2 \frac{1}{n S_{xx}} .$$

Für ihre Kovarianz gilt:

$$Cov\{\hat{a},\hat{b}\} = - \frac{\bar{x} \cdot \sigma^2}{n S_{xx}} .$$

(b) Varianz der Störgrößen

Eine Schätzfunktion für σ^2 basiert auf den Residua $\hat{u}_i$ zwischen den beobachteten Werten y_i und den (ex post) prognostizierten Werten $\hat{y}_i = \hat{a} + \hat{b}x_i$:

$$\hat{u}_i = y_i - \hat{y}_i = $$
$$= y_i - \hat{a} - \hat{b}x_i$$

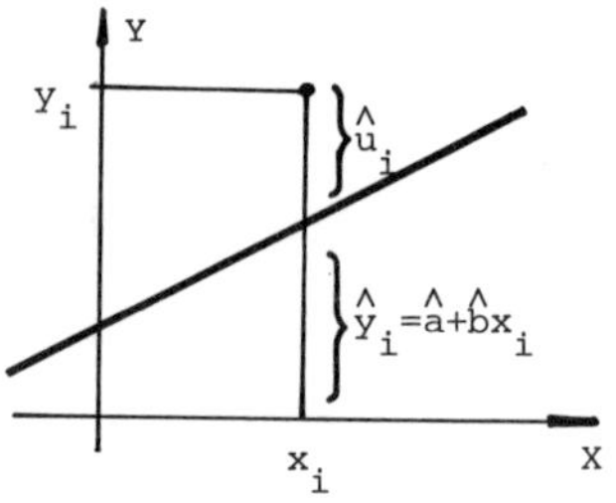

Def.98: *Schätzfunktion der Varianz der Störgrößen*

$$\hat{\sigma}^2 = S^2 = \frac{1}{n-2}\,\Sigma\hat{u}_i^2 \quad .$$

Diese Schätzfunktion ist erwartungstreu: $E\{S^2\} = \sigma^2$. Den entsprechenden Schätzwert s^2 braucht man insbesondere, um Schätzwerte der Varianzen von $\hat{a}$ und $\hat{b}$ ermitteln zu können: dazu setzt man s^2 für das unbekannte σ^2 ein.

(c) Erklärungsgrad der Regressionsbeziehung

S_{yy} ($S_{\hat{y}\hat{y}}$) sei die Varianz der Y ($\hat{Y}$); dann ist der Erklärungsgrad definiert als der Anteil der Varianz der Prognosewerte an der Varianz der endogenen Variablen.

Def.99: *Erklärungsgrad der Regression (Bestimmtheitsmaß)*

$$R^2 = \frac{S_{\hat{y}\hat{y}}}{S_{yy}} \quad .$$

Es gilt: $0 \le R^2 \le 1$. Weiters gilt: $R^2 = r^2$, wenn r der empirische Korrelationskoeffizient zwischen X und Y ist.

9.2 Ermitteln eines Prognosewertes

Als Schätzfunktion für einen Prognosewert für $Y_o = a + bx_o + u_o$ verwendet man:

$$\hat{Y}_o = \hat{a} + \hat{b}x_o \quad .$$

Erwartungswert und Varianz ergeben sich zu

$$E\{\hat{Y}_o\} = a + bx_o \quad , \quad Var\{\hat{Y}_o\} = \frac{\sigma^2}{n}\left(1 + \frac{(x_o - \bar{x})^2}{S_{xx}}\right) \quad .$$

Der Prognosefehler ist $\hat{Y}_o - Y_o$.

9.3 Konfidenzintervalle und Parameterteste

Unter der Voraussetzung, daß die Störgrößen unabhängig normalverteilt sind nach

$$u_i \sim N(0, \sigma^2) \quad , \quad i = 1, \ldots, n \quad ,$$

können die Verteilungen der Schätzfunktionen angegeben werden.

(a) Die Verteilung der Schätzfunktionen

Satz 100: Verteilung der $\hat{a}$, $\hat{b}$

$$\frac{\hat{a} - a}{\hat{\sigma}_a} \sim t(n-2) \quad ,$$

$$\frac{\hat{b} - b}{\hat{\sigma}_b} \sim t(n-2) \quad ,$$

wobei

$$\hat{\sigma}_a^2 = S^2 \frac{\Sigma x_i^2}{n^2 S_{xx}} \quad ,$$

$$\hat{\sigma}_b^2 = S^2 \frac{1}{n^2 S_{xx}}$$

Satz 1o1: Verteilung des Prognosefehlers

$$\frac{\hat{Y}_o - Y_o}{S_o} \sim t(n-2)$$

$$\text{mit } S_o^2 = S^2\left[1 + \frac{1}{n}\left(1 + \frac{(x_o-\bar{x})^2}{S_{xx}}\right)\right] \quad .$$

(b) Test auf linearen Zusammenhang

Es ist die Behauptung zu testen, es würde ein linearer Zusammenhang zwischen Y und X bestehen:

H_O: b = O ,

H_A: b $\neq$ O .

Dieser Test kann als t-Test auf der Basis der entsprechenden Teststatistik (Satz 1oo) ausgeführt werden.

Alternativ kann eine F-verteilte Teststatistik verwendet werden. Wegen $\Sigma(y_i-\hat{y}_i)(\hat{y}_i-\bar{y}) = 0$ gilt:

$$\Sigma(y_i-\bar{y})^2 = \Sigma(\hat{y}_i-\bar{y})^2 + \Sigma(y_i-\hat{y}_i)^2 = \Sigma(\hat{y}_i-\bar{y})^2 + (n-2)S^2 \quad .$$

Die beiden Summanden der rechten Seite können in voneinander unabhängige χ^2-verteilte Zufallsvariable umgeformt werden, so daß sich eine Teststatistik ergibt, die bei Zutreffen von H_O: b = O F-verteilt ist:

$$\frac{\Sigma(\hat{y}_i-\bar{y})^2}{\Sigma(\hat{y}_i-y_i)^2} \cdot \frac{n-2}{1} \sim F(1,n-2) \quad .$$

Die Berechnungsweise und das Ergebnis dieses Testes wird häufig in folgender Form dargestellt:

Varianzanalyse-Tafel

Variation: Beitrag	Summe der Quadrate	Freiheits- grade	Mittlere Summe der Quadrate
durch X	$\Sigma(\hat{y}_i-\bar{y})^2$	1	$\Sigma(\hat{y}_i-\bar{y})^2$
Rest	$\Sigma(y_i-\hat{y}_i)^2$	n-2	s^2
Gesamt	$\Sigma(y_i-\bar{y})^2$	n-1	S_{yy}

Die F-verteilte Teststatistik kann mit Hilfe des Erklärungsgrades R^2 geschrieben werden als

$$\frac{R^2}{1-R^2}(n-2) \quad .$$

(c) Übersicht über Konfidenzintervalle und Annahmebereiche

Die Größen c_γ, c_α etc. können der Tafel 9 entnommen werden. Die Größen $\hat{\theta}$ und $\sigma_{\hat{\theta}}$ sind Zufallsvariable; für die praktische Berechnung eines Konfidenzintervalls bzw. eines Annahmebereiches sind sie durch ihre Stichprobenwerte zu ersetzen .

100γ% Konfidenzintervall für Regressionskoeffizienten bzw. Prognosewerte:

$$\hat{\theta} - c_\gamma \sigma_{\hat{\theta}} < \theta < \hat{\theta} + c_\gamma \sigma_{\hat{\theta}}$$

Test: H_o: $\theta = \theta_o$

Alternative	Annahmebereich
H_A: $\theta = \theta_o$	$\theta_o - c_{\alpha/2}\sigma_{\hat{\theta}} < \hat{\theta} < \theta_o + c_{\alpha/2}\sigma_{\hat{\theta}}$
H_A: $\theta < \theta_o$	$\hat{\theta} > \theta_o - c_\alpha \sigma_{\hat{\theta}}$
H_A: $\theta > \theta_o$	$\hat{\theta} < \theta_o + c_\alpha \sigma_{\hat{\theta}}$

θ	$\hat{\theta}$	$\sigma_{\hat{\theta}}$	c_γ	c_α [1)]
b	$\hat{b}$	$S\cdot\sqrt{\frac{1}{n^2 S_{xx}}}$	$t_{\frac{1+\gamma}{2}}(n-2)$	$t_{1-\alpha}(n-2)$
a	$\hat{a}$	$S\cdot\sqrt{\frac{\Sigma x_i^2}{n^2 S_{xx}}}$	$t_{\frac{1+\gamma}{2}}(n-2)$	$t_{1-\alpha}(n-2)$
Y	$\hat{Y}_o$	$S\cdot\sqrt{1+\frac{1}{n}(1+\frac{(x_o-\bar{x})^2}{S_{xx}})}$	$t_{\frac{1+\gamma}{2}}(n-2)$	---

1) Steht in der Übersicht (S.161) $c_{\alpha/2}$ (zweiseitiger Test), so ist das Perzentil $t_{1-\alpha}(n-2)$ zu ersetzen durch $t_{1-\frac{\alpha}{2}}(n-2)$.

Tafel 9: Konfidenzintervalle und Annahmebereiche für Regressionskoeffizienten bzw. Prognosewert.

BEISPIELE

1) Der jährliche Umsatz Y in 10 Lebensmittelgeschäften vergleichbarer Lage und ihre Verkaufsfläche (X) in m^2 betragen:

i	x_i	y_i
1	55	8.53
2	52	8.30
3	66	11.52
4	58	9.50
5	52	8.99
6	45	7.90
7	68	11.49
8	50	8.20
9	49	8.55
10	60	10.72

a) Berechnung der Schätzwerte $\hat{a}$ und $\hat{b}$ des linearen Regressionsmodells $Y = a + bX + u$.

$\Sigma x_i = 555$, $\Sigma y_i = 93.70$,

$\Sigma x_i^2 = 31303$, $\Sigma x_i y_i = 5288.52$,

$S_{xx} = 50.05$;

$$\hat{b} = \frac{10 \cdot 5288.52 - 555 \cdot 93.70}{10^2 \cdot 50.05} = 0.176 \quad ,$$

$$\hat{a} = 9.37 - 0.176 \cdot 55.5 = -0.407 \quad .$$

b) Schätzung der Varianz der Störgrößen, des Erklärungsgrades und der Varianz von $\hat{a}$, $\hat{b}$:

i	$\hat{y}_i$	$\hat{u}_i$
1	9.28	-0.75
2	8.75	-0.45
3	11.22	0.30
4	9.81	-0.31
5	8.75	0.24
6	7.52	0.38
7	11.57	-0.08
8	8.40	-0.20
9	8.22	0.33
10	10.16	0.56

$\hat{\sigma} = s = 0.451$

$R^2 = 0.906$

$s_a = 1.128$, $s_b = 0.020$

c) 90% Konfidenzintervalle für die Werte a und b sind zu bestimmen.

Unter der Voraussetzung, daß die Störgrößen normalverteilt sind, ergibt sich mit

$t_{0.95}(8) = 1.86$

das Konfidenzintervall für b zu:

$0.139 < b < 0.213$.

Analog ergibt sich für a:

$-2.50 < a < 1.69$.

d) Kann die Behauptung, daß mit einer Zunahme der Verkaufsfläche eine Vergrößerung des Umsatzes einhergeht, auf Grund dieses empirischen Befundes als berechtigt angesehen werden (α=0.05)?

Es wird wiederum vorausgesetzt, daß die Störgrößen normalverteilt sind. Test von H_o:b = 0 gegen H_A:b $\neq$ 0 .

1. Möglichkeit: t - Test.

   Für die kritische Schranke ergibt sich

   $\hat{b}_k = 1.86 \cdot 0.02 = 0.037 < b = 0.176$.

   Der behauptete Zusammenhang muß als bestehend angenommen werden.

2. Möglichkeit: F - Test (nur bei zweiseitiger Alternative).

Variations Beitrag	Summe der Quadrate	Zahl der Freiheitsgrade	Durchschn. Summe der Quadrate
durch X	15.52	1	15.52
Rest	1.63	8	0.203
Gesamt	17.15	9	1.90

Die Testgröße

$$T = 15.52 : \frac{1.63}{8} = 76.5$$

ist größer als das entsprechende Perzentil der F(1,8)-Verteilung:

$$F_{0.05}(1,8) = 5.32 < 76.5 \quad .$$

Die Null-Hypothese wird verworfen.

e) 90% Prognoseintervalle für den Umsatz bei 60, 70 und 80 m^2 Verkaufsfläche sind anzugeben. Die Störgrößen seien normalverteilt.

$$\hat{y}_o = -0.407 + 0.176 \cdot x_o \quad ;$$

$$s_o^2 = 0.203 \left[1 + \frac{1}{10} \left(1 + \frac{(x_o - 55.5)^2}{50.05}\right)\right] \quad .$$

Die Prognoseintervalle lauten:

$$\hat{y}_o - t_{0.95}(8) \cdot s_o < Y_o < y_o + t_{0.95}(8) \cdot s_o \quad .$$

x_o	$\hat{y}_o$	s_o	Intervall
60	10.15	0.481	$9.26 < Y_o < 11.04$
70	11.91	0.555	$10.88 < Y_o < 12.94$
80	13.67	0.683	$12.40 < Y_o < 14.94$

ÜBUNGSAUFGABEN

Das persönlich verfügbare Einkommen (X) und die Ausgaben für den privaten Konsum (Y) betrugen in den Jahren 1965 bis 1975 (in Mrd. Schillingen, nominelle Werte):

Jahr	Y	X
1965	164.04	146.59
1966	175.71	156.10
1967	187.70	176.39
1968	201.11	177.80
1969	217.01	189.87
1970	237.18	208.23
1971	265.57	230.18
1972	295.99	264.32
1973	334.95	293.15
1974	383.14	332.56
1975	429.04	368.58

1) Die beobachteten Werte sind in die X-Y Ebene einzutragen.

2) Schätzwerte der Regressionskoeffizienten a und b von $Y = a+bX+u$ und ihre Standardabweichungen sind zu bestimmen. Die ermittelte Regressionsgerade ist in das Diagramm (Aufg.1) einzuzeichnen.
L: $\hat{a}=-8.83, s_a=2.94$
$\hat{b}=1.18, s_b=0.0122$
$\hat{y}=-8.83 + 1.18 \cdot x$

3) Wie groß ist der Erklärungsgrad des egressionsmodells (Aufg.2)? L: 0.999

4) Es ist zu prüfen, ob das persönlich verfügbare Einkommen als erklärende Variable für die Ausgaben zum privaten Konsum angesehen werden kann (Kap.1o, Übungsaufgaben); $\alpha=0.05$.
a) mittels t-Test L: $b_k=0.022$
b) mittels F-Test L: $T \doteq 9000 > F_{0.95}(1,9)=5.12$

5) Welchen Erklärungsgrad hat das analoge Regressionsmodell, in dem die marginale Konsumneigung b Null gesetzt wird?
L: 0

6) Für 1977 und 1978 sind 95% Prognoseintervalle zu ermitteln. Die entsprechenden Werte der exogenen Variablen X sind durch Extrapolation aus dem Modell
$$E\{X_i\} = c_o + c_1 \cdot i + c_2 \cdot i^2$$
zu schätzen. L: 1977: (473.94,482.39)
1978: (529.43,538.72)

7) Die Kovarianz $Cov\{\hat{a},\hat{b}\}$ ist zu ermitteln.
L: -0.0041

8) Die Regressionskoeffizienten des Modells
$$E\{Y_i\} = a + b \cdot Y_{i-1}$$
sind zu schätzen. L: $\hat{a}=-19.71$, $\hat{b}=1.19$

9) Zu Beispiel 1 aus Kap.3 sind folgende Größen zu bestimmen:
   a) R^2 L: 0.979
   b) Ein 95% Konfidenzintervall für $\hat{Y}_{1978}$ L: (76.45,80.40)
   c) H_o: $b = 0$ ist gegen H_A: $b \neq 0$ zu testen (α=0.01).
   L: $t=-15.1 \notin (-3.50,3.50)$

10) Zu Aufg.1 aus Kap.3 sind folgende Größen zu bestimmen:
   a) R^2 L: 0.936
   b) Ein 95% Konfidenzintervall für $\hat{Y}_{1964}$ L: (4.424,4.820)
   c) H_o: $b = 0$ ist gegen H_A: $b \neq 0$ zu testen (α=0.05).
   L: $13.26 \notin (-2.15,2.15)$

Kapitel 10
Analyse von kategoriellen Daten

In Kapitel 1 wurden Häufigkeitsverteilungen behandelt, wobei die Häufigkeiten angaben, wie oft die Zugehörigkeit zu den einzelnen Klassen von Merkmalsausprägungen beobachtet wurden. Diese Klassen (Kategorien) beinhalten bei einem diskreten Merkmal eine oder mehrere Ausprägungen, während sie bei stetigen Merkmalen Intervalle von möglichen Merkmalsausprägungen umfassen.

Bsp.68: In Bsp.6o ist die Häufigkeitsverteilung angegeben, mit der sich auf einer Großbaustelle Arbeitsunfälle in einer Periode von 80 Tagen ereigneten. Die zusätzliche Aufgliederung nach der Wetterlage, repräsentiert durch den durchschnittlichen Luftdruck (in mbar), ergibt folgender Tabelle:

durchschnittlicher Luftdruck (in mbar)	Zahl der Unfälle an einem Tag 0	1	2	3	4	Σ
< 980	8	8	5	2	2	25
980 - 1000	10	9	3	2	0	24
> 1000	16	11	3	1	0	31
Σ	34	28	11	5	2	80

Für das Merkmal 'Zahl der Unfälle an einem Tag' wurden die Kategorien '0', '1',...,'4' verwendet; die weitere Kategorie '>4' ist unbesetzt. Für das Merkmal 'Luftdruck' wurden als Kategorien die Intervalle $[0,980)$, $[980,1000]$ und $(1000,\infty)$ herangezogen.

Interessierende Fragestellungen sind:

- Testen einer Hypothese betreffend die zugrundeliegende Wahrscheinlichkeitsverteilung (Anpassungstest); z.B. die Zahl der Unfälle je Tag sei Poisson-verteilt.
- Testen der Hypothese, daß zwei oder mehrere Merkmale voneinander unabhängig sind (Test auf Unabhängigkeit); z.B. die Zahl der Unfälle je Tag sei von der Wetterlage, d.i. vom durchschnittlichen Luftdruck, abhängig.

In Bsp.68 wurden für jeden der 80 Tage die beiden Merkmale 'Zahl der Arbeitsunfälle' und 'Luftdruck' erhoben, die beide Zufallscharakter haben. Alternativ kann so vorgegangen werden, daß nur an Tagen mit vorgegebenem Wetter (etwa Luftdruck <980 mbar) das Merkmal 'Zahl der Arbeitsunfälle' erhoben wird; das Merkmal 'Luftdruck' hat dann nicht Zufallscharakter.

Bsp.69: Die Tabelle zeigt, mit welchen Häufigkeiten Angehörige der einzelnen Berufsgruppen innerhalb eines Jahres einen Arbeitsunfall (nicht) erlitten haben.

Beruf	Arbeitsunfall ja	nein	Σ
Bauarbeiter	17	83	100
Lehrer	1	99	100
Zahntechniker	5	95	100
Σ	23	277	

Da das Merkmal 'Beruf' keinen Zufallscharakter hat (es wurden je 100 Personen aus jeder Berufsgruppe (Population) in die Untersuchung einbezogen), ist der Test auf Unabhängigkeit der Merkmale keine sinnvolle Fragestellung. Eine alternative Fragestellung ist hingegen das

- Testen der Hypothese, die Wahrscheinlichkeitsverteilungen in den Populationen würden übereinstimmen (Test auf Homogenität); z.B., für die drei angeführten Berufsgruppen ist die Zahl der Angehörigen, die einen Arbeitsunfall erleiden, binomialverteilt mit identem p .

Def.1o2: Als (zwei-dimensionale) Kontingenztafel bezeichnet man eine Häufigkeitsverteilung über zwei Merkmale.

In der Kontingenztafel

Merkmal I (X)	Merkmal II (Y) 1	2	...	l	Σ
1	n_{11}	n_{12}	...	n_{1l}	$n_{1.}$
2	n_{21}	n_{22}	...	n_{2l}	$n_{2.}$
⋮	⋮	⋮		⋮	⋮
k	n_{k1}	n_{k2}	...	n_{kl}	$n_{k.}$
Σ	$n_{.1}$	$n_{.2}$	...	$n_{.l}$	n

ist die Größe n_{ij} die <u>beobachtete</u> absolute <u>Häufigkeit</u>, mit der ein Stichprobenelement in die i-te Kategorie des Merkmals X und in die j-te Kategorie des Merkmals Y fällt. Es gilt

$$n_{i.} = \sum_j n_{ij} \quad , \quad n_{.j} = \sum_i n_{ij} \quad .$$

Def.1o3: <u>Randverteilungen</u> der Kontingenztafel erhält man durch Aufsummieren über ihre Zeilen bzw. Spalten.

So ergibt sich die Verteilung des Merkmals I als Randverteilung $n_{1.},\ldots,n_{k.}$.

Basis der Analyse von kategoriellen Daten ist der Vergleich der beobachteten Häufigkeiten b_i mit jenen, die bei Zutreffen einer hypothetischen Wahrscheinlichkeitsverteilung zu erwarten sind (<u>erwartete Häufigkeiten</u> e_i).

1o.1 Chi-Quadrat Anpassungstest

H_o: die Zufallsvariable X nimmt Werte entsprechend den Kategorien 1,...,k mit den Wahrscheinlichkeiten $p_1,\ldots,p_k$ $(\Sigma p_i = 1)$ an.

H_A: H_o trifft nicht zu.

> *Satz 1o4: Unter H_o folgt die Testgröße*
>
> $$T = \sum_{i=1}^{k} \frac{(b_i - e_i)^2}{e_i} = \sum_{i=1}^{k} \frac{(n_i - n \cdot p_i)^2}{n \cdot p_i} ,$$
>
> *die aus einer Stichprobe vom Umfang n ermittelt wurde, asymptotisch der Chi-Quadrat Verteilung $\chi^2(k-1)$.*

Bsp.7o: Es ist zu testen (α=0.05):

H_o: der durchschnittliche Luftdruck nimmt mit gleicher Wahrscheinlichkeit (1/3) einen Wert aus einem der angegebenen Intervalle (Bsp.68) an.

H_A: H_o trifft nicht zu.

Kategorie	<980	980-1000	>1000	
b_i	25	24	31	80
e_i	80/3	80/3	80/3	

Es ergibt sich

$$T = [(25 - \tfrac{80}{3})^2 + (24 - \tfrac{80}{3})^2 + (31 - \tfrac{80}{3})^2] \frac{1}{80/3} =$$

$$= 1.075 < 5.99 = \chi^2_{0.05}(2) ,$$

so daß die Null-Hypothese bei α=0.05 nicht im Widerspruch zum empirischen Befund steht.

Hängen die p_i von unbekannten Parametern ab, so werden zuerst diese geschätzt.

> *Satz 1o5:* *Werden für r unbekannte Parameter Maximum-Likelihood Schätzer eingesetzt, so gilt unter H_o*
>
> $$T \underset{as}{\sim} \chi^2(k-r-1) \quad .$$

Bei stetigen Verteilungen kann der Anpassungstest vorgenommen werden, nachdem eine willkürliche Kategorisierung (Klasseneinteilung) gewählt wurde. Faustregel zur Festlegung der Kategorien, so daß die asymptotischen Verteilungseigenschaften ausreichend genau erfüllt sind: Es muß gelten

$e_i \geq 1$ für alle Kategorien ,
$e_i \geq 5$ für mindestens 80 % der Kategorien.

1o.2 Teste für Kontingenztafeln

> *Satz 1o6:* *Sind die den entsprechenden n_{ij} erwarteten Häufigkeiten $e_{ij} = n \cdot p_{ij}$, wobei $p_{ij} = P(X \in i\text{-te Kategorie}, Y \in j\text{-te Kategorie})$, so folgt die Größe*
>
> $$T = \sum_{i=1}^{k} \sum_{j=1}^{l} \frac{(b_{ij}-e_{ij})^2}{e_{ij}} = \sum_{i=1}^{k} \sum_{j=1}^{l} \frac{(n_{ij}-n \cdot p_{ij})^2}{n \cdot p_{ij}}$$
>
> *asymptotisch der Chi-Quadrat Verteilung $\chi^2(k \cdot l - 1)$.*

(a) Test auf Unabhängigkeit der beiden Merkmale in einer Kontingenztafel

Es ist zu testen:

H_o: $p_{ij} = p_{i.} \cdot p_{.j}$ mit $p_{i.} = P(X \in$ i-te Kategorie) und analog $p_{.j}$ gegen

H_A: H_o trifft nicht zu.

Sind $p_{i.}$ und $p_{.j}$ bekannt, so kann die Teststatistik T aus Satz 1o6 verwendet werden.
Bei unbekannten $p_{i.}$ und $p_{.j}$ verwendet man die Maximum-Likelihood Schätzer

$$\hat{p}_{i.} = \frac{n_{i.}}{n} \quad , \quad \hat{p}_{.j} = \frac{n_{.j}}{n} \quad .$$

zur Ermittlung der e_{ij} .

Unter H_o gilt

$$e_{ij} = n \cdot \hat{p}_{ij} = n \cdot \hat{p}_{i.} \cdot \hat{p}_{.j} = \frac{n_{i.} \cdot n_{.j}}{n} \quad .$$

Setzt man die e_{ij} in die Teststatistik T aus Satz 1o6 ein, so erhält man die in Satz 1o7 angegebene Teststatistik:

Satz 1o7: Die Teststatistik

$$T = n\left[\sum_{i=1}^{k} \sum_{j=1}^{l} \frac{n_{ij}^2}{n_{i.}\, n_{.j}} - 1\right]$$

folgt asymptotisch der Chi-Quadrat Verteilung $\chi^2(k-1)(l-1)$.

(b) Test auf Homogenität: die Verteilung des Merkmals Y wird für k Populationen entsprechend den Kategorien von X auf Übereinstimmung geprüft.

Es ist zu testen

H_o: $p_{1j} = p_{2j} = \ldots = p_{kj} = p_j$, $j=1,\ldots,l$.

Setzt man in T aus Satz 1o6 die $e_{ij} = n_{i.} \cdot p_j$ ein, so ergibt sich der Satz 1o8.

Satz 1o8: Die Teststatistik

$$T = \sum_{i=1}^{k} \sum_{j=1}^{l} \frac{(n_{ij} - n_{i.} \cdot p_j)^2}{n_{i.} \cdot p_j}$$

folgt asymptotisch der Chi-Quadrat Verteilung $\chi^2(k(l-1))$.

Bei unbekannten p_j verwendet man die Maximum-Likelihood Schätzer

$$\hat{p}_j = \frac{n_{.j}}{n}$$

zur Ermittlung der

$$e_{ij} = n_{i.} \cdot \hat{p}_j = \frac{n_{i.} \cdot n_{.j}}{n} \quad .$$

Setzt man e_{ij} in T aus Satz 1o6 ein, so ergibt sich wiederum der Satz 1o7 .

BEISPIELE

1) Um zu prüfen, ob es sich bei einem Würfel um einen idealen Würfel handelt, wird er 120 mal geworfen.
X = bei einem Wurf erzielte Augenzahl
H_o: $P(X=i) = p_i = 1/6$, $i=1,...,6$

i	n_i	$e_i=n \cdot p_i$	$(n_i-n \cdot p_i)^2/n \cdot p_i$
1	28	20	3.20
2	10	20	5.00
3	21	20	0.05
4	14	20	1.80
5	16	20	0.80
6	31	20	6.05
	120	120	16.90

Wegen $T = 16.90 > 11.07 = \chi^2_{0.05}(5)$ kann H_o bei $\alpha=0.05$ nicht für zutreffend gehalten werden.

2) Die folgenden Häufigkeiten von Druckfehlern auf den Seiten eines Buches wurden beobachtet:

Druckfehleranzahl	Beobachtete Häufigkeit
0	102
1	31
2	42
3	15
Σ	190

a) Ist diese Häufigkeitsverteilung eine Stichprobe der Zufallsvariablen $X \sim P(0.5)$ $(\alpha=0.05)$?
H_o: $X \sim P(0.5)$
H_A: H_o trifft nicht zu

Druckfehleranzahl	Beobachtete Häufigkeit	Erwartete Häufigkeit
0	102	115.24
1	31	57.62
2	42	14.41
3	15	2.40

Es ergibt sich

$$T = 132.79 > 7.81 = \chi^2_{0.05}(3) \quad .$$

H_o kann nicht für zutreffend gehalten werden.

b) Ist diese Häufigkeitsverteilung eine Stichprobe der Zufallsvariablen $X \sim P(\lambda)$, λ unbekannt?

Maximum-Likelihood Schätzer: $\hat{\lambda} = \frac{160}{190} = 0.842$

Druckfehleranzahl	Beobachtete Häufigkeit	Erwartete Häufigkeit
0	102	81.85
1	31	68.93
2	42	29.02
3	15	8.15

Für die Testgröße ergibt sich

$$T = 37.40 > 5.99 = \chi^2_{0.05}(2) \quad .$$

3) Ein Patientenkollektiv wurde nach 2 Merkmalen klassifiziert

Raucher	Hustenanfälle ja	Hustenanfälle nein	
ja	1169	427	1596
nein	41	330	371
	1210	757	1967

Kann für die Population, aus dem dieses Patientenkollektiv eine Stichprobe bildet, behauptet werden, daß das Rauchverhalten und das Auftreten von Hustenanfällen unabhängig voneinander sind ($\alpha=0.01$) ?

H_0: die Merkmale sind unabhängig

$$T = 1967(1.25 - 1) = 491.85 > 6.63 = \chi^2_{0.01}(1) \quad .$$

4) In einer Untersuchung an einer Stichprobe von je 100 Männern und Frauen ergab sich

	Raucher	Nichtraucher	
Männer	73	27	100
Frauen	46	54	100
	119	81	200

a) Die Null-Hypothese ist zu testen ($\alpha=0.05$)

H_0: der Anteil der Raucher ist unter Männern (p_m) und unter Frauen (p_w) gleich hoch: $p_m = p_w = p$.

H_A: $p_m \neq p_w$.

Für die Testgröße ergibt sich

$$T = 15.13 > 3.84 = \chi^2_{0.05}(1) \quad .$$

Es muß angenommen werden, daß Männer und Frauen der entsprechenden Population in unterschiedlichen Anteilen rauchen.

b) Die Null-Hypothese H_o von a) ist zu testen ($\alpha=0.05$) gegen H_A: $p_m > p_w$.

Unter H_o gilt näherungsweise

$$R = \hat{p}_m - \hat{p}_w \sim N(0,0.0694^2) \quad .$$

Für die kritische Schranke ergibt sich

$$R_{krit} = 1.645\ 0.0694 = 0.114 \quad .$$

Wegen $r = \hat{p}_m - \hat{p}_w = 0.27 > 0.114$ ist anzunehmen, daß in der untersuchten Population Männer zu einem größeren Anteil rauchen als Frauen.

ÜBUNGSAUFGABEN

1) Die folgenden Geburtenzahlen wurden in Abhängigkeit von der Tageszeit beobachtet:

Zeitraum	18-22	22-2	2-6	6-10	10-14	14-18
Zahl der Geburten	359	478	541	409	398	429

Können die Häufigkeiten als gleichverteilt über die angegebenen Zeiträume angesehen werden (α=0.01)?
L: $48.64 \notin [0,15.09) = K^c$

2) Eine Firma plant die Produktion von Motorrädern in 3 Ausführungen: 1. für den Straßenverkehr, 2. für das Gelände und 3. mit Beiwagen. Die geplanten Anteile der verkauften Stückzahlen betragen 60 : 30 : 10 . Eine Umfrage unter 100 potentiellen Abnehmern ergab eine Nachfrage nach den 3 Typen von 69 : 28 : 3. Kann die geplante Aufteilung vernünftigerweise beibehalten werden? Der Test ist für
a) α=0.05 L: $6.38 \notin [0,5.99)$
b) α=0.01 L: $6.38 \in [0,9.21)$
auszuführen.

3) Die Zahl der Schwarzfahrer in 576 kontrollierten Straßenbahnwagen betrugen:

Zahl der Schwarzfahrer	0	1	2	3	4	≥5
Zahl der Waggons	229	211	93	35	7	1

a) Die Behauptung, die Zahl der Schwarzfahrer je Waggon sei poissonverteilt, ist zu prüfen (α=0.05). Für die Schätzung von λ ist anzunehmen, daß in der Spalte '≥5' die Zahl der Schwarzfahrer genau 5 betrug. L: $1.31 \in [0,9.49)$
b) Die Behauptung, die Zahl der Schwarzfahrer je Waggon sei poissonverteilt mit λ=1, ist zu prüfen (α=0.05).
L: $3.93 \in [0,11.07)$

4) In einer Umfrage zeigt sich, daß von 972 Rauchern 447 die Zigaretten der Marke A, 525 die der Marke B bevorzugen. Ist dieses Ergebnis vereinbar (α=0.01) mit der Hypothese
a) daß beide Marken gleich beliebt sind? L:6.
b) wie a) mit H_A: Marke B ist beliebter? L:$0.54 \notin [0,0.537)$

5) Für die beiden Aufgabenstellungen von Aufg.4 ist die Mächtigkeit des Testes zu bestimmen, wenn p_B = 0.53 .
L: a) 24.51%
b) 32.28%

6) Für die Angaben aus Kap.8, Aufg.23 ist die Hypothese zu testen (α=0.05), daß die Wahrscheinlichkeit für die Heilung durch dieses Medikament 0.3 beträgt. L: $0.58 \in [0,3.84)$

7) In einer Firma unterzieht das Personalbüro die Bewerber einem Intelligenztest. Die erreichten IQ-Werte von 60 Bewerbern für Führungspositionen sind in der folgenden Tabelle enthalten:

108	112	117	119	110	106	113	111	114	120
122	112	110	109	118	116	112	108	105	106
115	119	117	114	112	111	121	118	116	111
109	110	112	108	119	113	111	108	116	118
114	112	115	114	108	110	116	110	109	112
118	117	112	113	107	111	109	120	123	115

Es ist die Behauptung zu prüfen ($\alpha = 0.05$), daß die erreichten IQ-Werte normalverteilt sind. Als Kategorien sind 6 Intervalle gleicher Länge zwischen 100.5 und 130.5 zu wählen:
a) 6 Intervalle L: $1.81 \in [0,9.49)$
b) 10 Intervalle L: $5.28 \in [0,9.49)$

8) Eine Schmiermittelfirma bietet ein Treibstoffadditiv an, das die Lebensdauer der Motoren verlängern soll. Eine Untersuchung zeigt für zufällig ausgewählte Autos:

	Motorschaden innerhalb v. 2 Jahren ja	nein
Additiv verwendet	5	5
Additiv nicht verwendet	12	3

Kann die Behauptung der Firma aufrechterhalten werden ($\alpha=0.01$)?
L: $2.48 \in [0,6.63)$

9) In einem Test, an dem 25 zufällig ausgewählte Männer und 50 Frauen teilnahmen, ergab sich, daß eine bestimmte Seife von 9 Personen, davon 3 Männern, bevorzugt wird. Kann die Bevorzugung als vom Geschlecht abhängig angesehen werden ($\alpha=0.05$)?
L: $0 \in [0,3.84)$

10) Zu den Angaben von Bsp.68 ist die Behauptung zu testen,
a) die Zahl der Arbeitsunfälle je Tag sei poissonverteilt ($\alpha=0.01$) L: $10.63 \in [0,11.34)$
b) die Zahl der Arbeitsunfälle je Tag sei unabhängig von der Wettersituation, repräsentiert durch den Luftdruck.
L: $5.07 \in [0,12.59)$

11) Zu den Angaben von Bsp.69 ist die Behauptung zu testen, daß für die angeführten Berufsgruppen die Zahl ihrer Angehörigen, die einen Arbeitsunfall erleiden, Binomialverteilungen mit gleichem p folgen. L: $19.59 \in [0,9.71)$

12) 100 in eine Stichprobe einbezogene Personen werden nach Haarfarbe und Augenfarbe klassifiziert:

Augenfarbe	Haarfarbe schwarz	brünett	blond
blau	4	8	14
braun	13	9	3
grau	14	19	16

Kann behauptet werden, daß in der entsprechenden Population die interessierenden Merkmale unabhängig sind ($\alpha=0.05$)?
L: $12.76 \in [0,9.49)$

13) In 3 Regionen wurden Stichprobenerhebungen gemacht und es ergaben sich folgende Häufigkeiten der Haarfarben:

Region	Haarfarbe schwarz	brünett	blond
A	15	15	20
B	3	6	21
C	2	9	9

Kann behauptet werden ($\alpha=0.05$), daß die Haarfarbe von der Region abhängig ist? L: $11 \in [0,9.49)$

14) Ein Ladenbesitzer führt Hundefutter der Marken A und B. Um den Einfluß der Präsentation der Ware auf die Nachfrage festzustellen, beobachtet er die Zahl der verkauften Dosen wäh-

rend zweier Perioden, wobei in der zweiten Periode die Präsentation gegenüber der ersten vertauscht ist:

Periode	Verkaufte Dosen	
	Marke A	Marke B
I	127	87
II	92	84

a) Kann der anteilige Absatz als für die beiden Präsentationen gleich angesehen werden (α=0.05)?
L: 1.96 $\in$ [0,3.84)

b) Kann der anteilige Absatz als für die beiden Marken gleich angesehen werden (α=0.05)? L: 5.25 $\in$ [0,3.81)

15) Die Fragebögen einer schriftlichen Umfrage unter ehemaligen Universitätsbesuchern werden:

Zurückgesandt	Abschluß des Studiums		
	Keiner	Mag.	Dr.
ja	44	78	18
nein	6	22	7

Kann behauptet werden, daß die Bereitschaft, den Fragebogen zurückzuschicken, von der Art des Studienabschlusses abhängig ist (α=0.05)? L:3.25 $\in$ [0,5.99)

Kapitel 11
Assoziationsmaße[1)]

Je nach Skalierungsart der Zufallsvariablen und der Verfügbarkeit der Daten sind verschiedene Assoziationsmaße zu unterscheiden. Der Produkt-Moment Korrelationskoeffizient ist für Beobachtungen stetiger Zufallsvariabler X und Y, während Kontingenz-Koeffizienten für kategorielle Daten definiert sind.

(a) <u>Produkt-Moment Korrelationskoeffizient</u>

X, Y sind beliebige Zufallsvariable mit

$\mu_x, \mu_y, \sigma_x^2, \sigma_y^2$.

Der Korrelationskoeffizient zwischen X und Y ist definiert zu (vergl. Def.58)

$$\rho_{xy} = \frac{\text{Cov}\{X,Y\}}{\sigma_x \cdot \sigma_y}$$

mit $\text{Cov}\{X,Y\} = E\{(X-\mu_x)\cdot(Y-\mu_y)\}$.

Der Korrelationskoeffizient ist ein Maß für die Stärke des linearen Zusammenhanges zwischen X und Y (vergl. Satz 110).

Es wird eine Stichprobe vom Umfang n erhoben: $(X_1,Y_1),\ldots$ $\ldots,(X_n,Y_n)$. Stichprobenmittelwerte und Varianzen seien die Größen $\bar{X}$, S_x^2, $\bar{Y}$ und S_y^2 .

Def.1o9: Der <u>Stichproben-Korrelationskoeffizient</u> ist definiert als die Zufallsvariable

$$R_{xy} = \frac{\Sigma(X_i-\bar{X})\cdot(Y_i-\bar{Y})}{n\cdot S_x S_y} = \frac{\Sigma X_i Y_i - n\cdot\bar{X}\cdot\bar{Y}}{n\cdot S_x S_y} .$$

---

1) Der Laufindex i aller Summen dieses Abschnittes nimmt die Werte i=1,...,n an.

Eine Realisation dieser Zufallsvariablen ist der Korrelationskoeffizient r_{xy} .

Satz 11o: Eigenschaften:

(a) Es gilt

$$-1 \le r_{xy} \le +1 \quad ;$$

$r_{xy} = \pm 1$ *wenn die Beobachtungen* (x_i, y_i) *auf einer Geraden (der Regressionsgeraden) liegen ;*

$r_{xy} = 0$ *wenn die Beobachtungen regellos liegen, wenn sie einer geeigneten nichtlinearen Beziehung folgen, wenn* $\hat{b} = 0$ *(vergl. (b)).*

(b) Für den Schätzer $\hat{b}$ *der Regressionsgeraden* $Y = a + bX + u$ *gilt*

$$\hat{b} = R_{xy} \frac{S_y}{S_x} \quad .$$

(c) Beziehung zwischen dem Erklärungsgrad R^2 *der Regression und dem Korrelationskoeffizienten* R_{xy}

$$R^2 = \frac{\Sigma(\hat{Y}_i - \bar{Y})^2}{\Sigma(Y_i - \bar{Y})^2} = \hat{b}^2 \cdot \frac{\Sigma(X_i - \bar{X})^2}{\Sigma(Y_i - \bar{Y})^2} = \hat{b}^2 \cdot \frac{S_x^2}{S_y^2} = R_{xy}^2$$

wegen $\hat{Y}_i - \bar{Y} = \hat{b} \cdot (X_i - \bar{X})$.

Zum <u>Testen von Hypothesen</u> über ρ_{xy} auf der Basis von R_{xy} kann von folgendem Satz Gebrauch gemacht werden, wobei vorausgesetzt wird, daß X und Y normalverteilt sind.

Satz 111:

(a) Unter $H_o: \rho_{xy} = 0$ gilt exakt

$$T = \frac{R_{xy}}{\sqrt{1-R_{xy}^2}} \sqrt{n-2} \sim t(n-2) .$$

(b) Unter $H_o: \rho_{xy} = \rho_o$ gilt näherungsweise

$$T = \frac{1}{2} \cdot \ln \frac{1 + R_{xy}}{1 - R_{xy}} \overset{\bullet}{\sim} N(m_T, s_T^2)$$

mit

$$m_T = \frac{1}{2} \cdot \ln \frac{1 + \rho_o}{1 - \rho_o} , \quad s_T^2 = \frac{1}{n-3} .$$

(b) <u>Kontingenzkoeffizient</u> ist ein Assoziationsmaß für kategorielle Daten. Um ein dem Korrelationskoeffizienten ähnliches Maß für die Abhängigkeit zu definieren, wird von der Chi-Quadrat verteilten Teststatistik T des Testes auf Unabhängigkeit in einer Kontingenztafel Gebrauch gemacht.

Def.112: Der <u>Pearson'sche Kontingenzkoeffizient</u> ist definiert zu

$$P = \sqrt{\frac{T}{n+T}} .$$

Satz 113: Eigenschaften:

(a) $0 \leq P < 1$

(b) P nimmt große Werte für großes T an .

Allerdings hängt der größte Wert, den T annehmen kann, von der Zeilen- bzw. Spaltenzahl (k bzw. l) der Kontingenztafel ab; daher erreicht P nicht notwendig '1'. Ein Kontingenzkoeffizient, der diesen Nachteil nicht hat, ist der folgende:

> *Def.114:* Der Cramer'sche Kontingenzkoeffizient ist definiert zu
>
> $$C = \sqrt{\frac{T}{n \cdot \min(k-1, l-1)}} \quad .$$

> *Satz 115:* Eigenschaften:
>
> (a) $0 \leq C \leq 1$
>
> (b) C nimmt den Wert '1' bei vollständiger Abhängigkeit an (bei quadratischer Kontingenztafel z.B. nur die Hauptdiagonale von '0' verschieden).

Signifikanzprüfung der Kontingenzkoeffizienten ist durch die Analyse der Kontingenztafeln bereits durchgeführt.

BEISPIELE

1) Für die Angaben von Kap.9, Beispiel 1 sind folgende Aufgaben zu lösen:

a) Berechnung des Korrelationskoeffizienten:

$$r_{xy} = \frac{5288.52 - 10 \cdot 55.5 \cdot 9.37}{10 \cdot 7.07 \cdot 1.31} = 0.952$$

oder

$$r_{xy} = 0.176 \cdot \frac{7.07}{1.31} = 0.952 \quad .$$

b) Kann behauptet werden, daß zwischen Verkaufsfläche und Umsatz eine 'positive' Abhängigkeit besteht (α=0.01)?

H_0: $\rho_{xy} = 0$

H_A: $\rho_{xy} > 0$.

Unter der Voraussetzung der Normalverteilung von X, Y gilt unter H_0:

$$T = \frac{0.952}{\sqrt{1-0.906}} \cdot \sqrt{8} = 8.78 > 2.90 = t_{0.99}(8) \quad .$$

Es muß vermutet werden, daß mit einer Zunahme der Verkaufsfläche eine Zunahme des Umsatzes verbunden ist.

c) Die Null-Hypothese

H_o: $\rho_{xy} = 0.8$

ist gegen

H_A: $\rho_{xy} \neq 0.8$

zu testen (α=0.05) .

Unter H_o gilt

$$T \sim N(1.10, 0.143) \quad .$$

Es ergibt sich für die Testgröße

$$Z = \frac{1.853 - 1.10}{0.378} = 1.99 \quad > 1.96 \quad .$$

Die Null-Hypothese wird verworfen.

d) Ein 95% Konfidenzintervall für ρ_{xy} ist zu ermitteln.

Aus der näherungsweise gültigen Normalverteilung von

$$\frac{1}{2} \ln \frac{1 + R_{xy}}{1 - R_{xy}}$$

ergibt sich für die Intervallgrenzen

$$\frac{1}{2} \ln \frac{1 + r_{xy}}{1 - r_{xy}} \pm 1.96 \frac{1}{\sqrt{n-3}}$$

oder

$$1.853 - 0.741 < \frac{1}{2} \ln \frac{1 + \rho_{xy}}{1 - \rho_{xy}} < 1.853 + 0.741 \quad .$$

Das Konfidenzintervall lautet

$$0.80 < \rho_{xy} < 0.99 \quad .$$

2) Für die Angaben von Kap.1o, Beispiel 3 sind folgende Aufgaben zu lösen:

a) Der Pearson'sche Kontingenzkoeffizient ist zu ermitteln.

$$P = \sqrt{\frac{491.85}{1967 + 491.85}} = 0.45 \quad .$$

b) Der Cramer'sche Kontingenzkoeffizient ist zu ermitteln.

$$C = \sqrt{\frac{491.85}{1967}} = 0.50 \quad .$$

ÜBUNGSAUFGABEN

1) Kap.9, Aufg.1: Der Korrelationskoeffizient ist zu bestimmen.
L: 0.999

2) Der Werbeaufwand X (in 1000 öS) für einen Markenartikel und der Umsatz Y (in 100.000 öS) betrugen zwischen 1967 und 1976:

Jahr	1967	1968	1969	1970	1971	1972	1973	1974	1975	1976
X	31.9	33.4	33.5	34.6	35.9	35.5	36.8	35.4	35.1	36.3
Y	11.4	11.5	12.0	12.2	12.8	13.0	13.7	13.7	13.8	13.5

a) Die Regressionskoeffizienten von $Y = a + bX + u$ sind zu bestimmen. L: -5.76,0.53
b) Der Korrelationskoeffizient ist zu ermitteln. L: 0.862
c) Die Null-Hypothese H_o: $\rho_{xy} = 0$ ist zu testen (α=0.05), wobei X und Y als normalverteilt anzunehmen sind.
L: 7.07 $\notin$ (-1.86,1.86)
d) Die Regressionskoeffizienten von $X = c + dY + u$ sind zu ermitteln. L: 16.99,1.40

3) Aus 20 Beobachtungspaaren normalverteilter Zufallsvariabler ergibt sich $r_{xy} = 0.5$. Ist ρ_{xy} als von
a) 0 L: 4.24 $\notin$ (-2.10,2.10)
b) 0.3 L: 0.987 $\notin$ (-1.96,1.96)
verschieden anzusehen (α=0.05) ?

4) Welche Werte kann der Stichprobenkorrelationskoeffizient von 12 Beobachtungspaaren normalverteilter Zufallsvariabler annehmen, so daß bei α=0.05 eine lineare Abhängigkeit zu vermuten ist, obwohl $\rho_{xy} = 0$? L: $r_{xy} \notin$ (-0.576,0.576)

5) Auf der Basis von 52 Beobachtungspaaren von normalverteilten Zufallsvariablen wurde $r_{xy} = -0.73$ ermittelt.
a) In welchem 99% Konfidenzintervall liegt ρ_{xy}?
L: (-0.861,-0.508)
b) Muß eine von Null verschiedene Korrelation der beiden Variablen angenommen werden (α=0.01)?
L: -0.73 $\notin$ (-0.354,0.354)

6) Mit welcher Wahrscheinlichkeit liegt der Stichprobenkorrelationskoeffizient von 67 Beobachtungspaaren zweier normalverteilter Variabler zwischen -0.20 und 0.45, wenn der Koorelationskoeffizient tatsächlich 0.5 beträgt? L: 30.4 %

7) Es wird behauptet, daß ein Korrelationskoeffizient zweier normalverteilter Variabler signifikant von Null verschieden ist (α=0.01). Wie viele Beobachtungspaare müssen dieser Aussage mindestens zu Grunde liegen, wenn der Stichprobenkorrelationskoeffizient $r = 0.50$ und ein zweiseitiger Test ausgeführt wird? L: 26

8) Die Kontingenzkoeffizienten P und C sind für die Angaben
a) Kap.1o, Aufg.12 L: 0.336, 0.253
b) Kap.1o, Aufg.14 L: 0.071, 0.071
zu ermitteln.

Tabellen

Tabelle 1: Zufällig ausgewählte ganze Zahlen aus (00000,99999)
Tabelle 2: Zufallszahlen nach N(0,1)
Tabelle 3: Wahrscheinlichkeitsfunktion und Verteilungsfunktion der Binomialverteilung B(n,p)
Tabelle 4: Werte der Exponentialfunktion e^x
Tabelle 5: Verteilungsfunktion der standardisierten Normalverteilung N(0,1)
Tabelle 6: Perzentile der standardisierten Normalverteilung N(0,1)
Tabelle 7: Perzentile der Student'schen t-Verteilung
Tabelle 8: Perzentile der Chi-Quadrat Verteilung
Tabelle 9: Perzentile der F-Verteilung

Die nachfolgenden Tabellen wurden mit Unterstützung durch Herrn Hans Bauer, EDV-Zentrum der Wirtschaftsuniversität Wien, auf einer IBM 5100 errechnet.

Tab.1a

Tabelle 1: Zufällig ausgewählte ganze Zahlen aus (00000, 99999)

13733	3531	43930	20785	27514	15753	55970	83907	14509	37381
45704	40962	41346	93079	73652	68089	57001	4406	48913	73464
5278	3519	43709	2705	52117	15293	25012	72939	76796	9215
73683	86075	46048	15974	70299	13242	53338	37330	1335	31536
21027	85241	41773	65082	21560	51492	22069	6715	48193	65795
3737	97216	99273	79745	61608	33334	44092	53947	72117	57715
10696	62562	70666	79365	72793	24501	87523	91040	363	91795
91928	27866	40020	15774	2048	19130	4053	16889	46559	6702
30753	51427	21070	20601	27116	36671	21035	34906	52049	81219
33898	12650	485	45615	46060	18893	29455	45794	50498	13155
87535	85528	53860	10733	85301	53546	41488	88600	93922	38604
2925	58565	99230	44842	58071	89096	29785	84140	29353	30617
70690	86617	59983	27487	59923	13729	38687	740	28449	27711
26084	91528	444	48783	94940	41184	72849	68937	12801	29888
17058	79019	63300	66361	21431	90604	65227	57078	95628	13583
84139	9318	7033	96626	88144	29132	13866	30410	87941	7818
80396	1480	73740	37895	90382	44004	69259	19631	34597	67125
59493	90455	60422	95750	54636	60676	81383	508	23452	48473
79275	65334	62821	30720	4910	11017	49831	96674	93929	57262
99947	93097	77340	42036	85878	51340	69303	68667	82226	59015
50074	84615	21580	80720	56434	78001	53967	18787	50349	99564
61886	2001	20315	23477	72908	57679	99804	1586	43879	68127
6417	33837	91778	98246	11828	76987	7168	71295	41350	68943
22048	52719	36190	30345	7890	95747	12525	95300	95826	41743
62778	94779	46308	97952	72651	28655	95281	87344	74593	74519
32909	99432	46456	71467	32748	84008	19096	33407	62681	69020
12038	13341	14586	42855	53840	84489	93141	19009	73144	26478
14552	69663	23543	84099	45455	45692	30776	49354	80986	19844
17884	67197	69489	90190	21259	99396	33376	45679	14273	80059
44276	43650	17965	33538	60157	51868	40996	9407	356	74753
70614	1394	19028	88292	11209	76303	17986	74999	1239	9833
62792	30869	2072	12541	66665	31862	96200	30532	39755	61968
85339	84751	8794	89001	31577	2345	2158	58612	85396	47199
68291	53498	31550	53366	8097	70291	73953	22707	27169	21477
59905	16804	13389	14861	55229	18214	11618	61129	84064	54513
87691	17516	83168	91574	78042	43570	68453	75422	1043	21645
87098	48470	26615	13327	72411	3307	80553	44132	10131	55427
48062	76112	6218	38	27009	23590	69267	63590	40672	71421
70020	11019	95695	34420	92238	38765	22511	37721	68200	25050
98676	38649	68178	52491	5347	58497	45948	33688	91200	93631
48831	86881	5275	44236	71271	43510	69097	10023	52968	19380
12339	74800	61935	34538	70913	19670	93477	80313	14976	89114
34665	4446	12482	75831	84807	51200	6530	41965	91060	42837
53866	25222	98989	1562	50808	27409	60275	35476	43323	13968
47727	43333	92411	48758	71361	53014	1601	6497	84377	20805
68339	62813	83223	17447	21994	37714	58764	45312	45016	79719
37174	68084	85183	61047	12234	16394	20001	46442	43492	68517
56578	99403	56548	542	6394	61700	88335	45220	10840	74338
94922	42134	35042	36213	16070	74086	55173	76007	35149	43116
45062	46121	54000	72623	74542	12431	21931	88663	54719	54561
6143	39556	16463	79500	51215	63231	15647	67826	37839	52870
77054	38879	24843	33272	87050	36666	32772	91192	61907	62626
44824	56634	45417	12998	44984	32821	8076	23775	72614	19264
63253	85657	32451	92899	38617	26844	59914	71982	92037	54947
86584	13890	46781	42961	42124	71929	4555	43308	63227	40071
60021	59485	52006	56949	37600	33802	8247	93377	81247	6611
95054	61946	87200	53747	24275	74693	53411	64070	13015	34400
60765	66209	68058	45224	64287	59047	99228	9750	55783	30392
88458	9124	38258	87262	9187	89463	90507	42521	48852	48214
20800	84115	5752	60987	8187	94091	86535	83423	74775	28815

Tab.1b

Tabelle 1: Fortsetzung

70655	95460	84693	35080	80858	73219	75507	32699	60925	52992
32882	45607	4196	12330	25143	70043	98446	71360	38003	12124
55489	93424	73244	4619	31239	20696	26941	81019	80730	18163
53778	35708	40303	72203	3566	20062	69829	8823	78295	89939
89241	66296	20421	7183	10742	39979	13776	22834	66347	92495
60379	73902	69284	41676	41361	39730	26507	96499	53503	23724
13358	98658	30490	33538	70732	85728	14907	37466	75447	32406
37299	83399	84331	45333	99216	11705	18361	88835	38600	40735
19839	32658	73299	29772	73714	99151	21440	36323	80458	48132
48299	60053	7125	37732	57083	84336	28643	92663	79239	57286
89524	15347	21265	98978	7039	92238	32687	57111	59067	34642
24736	33076	99096	93952	42972	29375	92433	15251	22904	39042
69979	30690	5155	26094	45300	54905	82154	52732	51865	82942
1556	46758	45670	63077	27837	56178	73481	94259	4809	14625
176	49591	64289	421	73745	17286	9705	4392	16197	10488
56583	87712	63181	73195	85158	40824	14314	73147	80872	15334
2213	87825	69676	33695	10479	8445	27304	90082	97633	13611
59449	49114	53900	90573	54730	36540	22793	74508	49330	83304
90216	44647	78043	67854	17055	43176	46537	45106	95557	23210
75945	2144	30998	71904	77614	46504	83932	41534	54792	85536
92920	461	31787	40820	56316	99215	92072	42666	77324	68879
40843	38825	16534	73270	46809	3115	45839	13529	76656	52861
34274	42394	14708	95455	1231	76646	79021	90617	85857	86248
63024	35992	12222	157	22991	314	61402	82684	67531	89588
99627	16357	95965	67751	77567	54383	7626	66785	49370	54456
39545	30173	11837	28852	5871	63648	26105	44248	71787	20565
30815	1593	69251	85109	23633	96165	43430	27348	24239	78773
24223	10264	99480	51749	39024	66815	43468	50713	16988	13762
86176	47787	45400	22499	38517	50032	78344	22733	67432	21904
30579	29595	95009	1137	93660	38224	15773	88359	33231	99224
46078	30107	3293	40310	81264	95797	55787	5282	73553	96452
61370	36957	29640	59395	46983	29829	25173	79593	16065	91512
26277	35373	9337	22548	50479	87785	88145	52105	16735	58712
63673	39489	91295	91542	45343	76635	94440	37652	12135	52212
14113	93062	88470	15242	56907	35709	56656	7257	65326	23647
2147	73316	9878	11151	13632	9662	75750	29737	74946	16516
78418	65870	77086	69039	34073	64479	84581	49158	93742	7608
61487	4946	22003	2414	66286	54833	70122	40017	58083	84397
50058	10471	76475	10813	22018	47379	85901	25857	73387	1271
58719	76180	47809	20044	70649	87488	2522	79616	89503	69688
36468	11177	47707	3159	89296	87869	97512	71763	18672	7549
61572	34596	48148	6664	98669	25582	41752	22401	86891	70218
42583	80118	32636	98456	40563	32368	96947	87881	7990	83269
90404	14872	37271	13474	42534	54927	56560	88979	54873	46603
53427	35272	13065	72267	88596	29627	29366	54082	56002	9821
51335	77140	79674	73952	95061	83086	21237	24179	69814	61959
34458	33503	71590	2433	78390	97671	52524	65168	69636	70205
23490	84969	66125	54933	47965	45114	20552	13224	48546	3401
56547	69069	27179	94897	26830	21775	66472	84414	40463	51638
67561	82608	83129	46947	23430	80041	45822	15868	86806	40082
47942	52777	18079	42862	71568	28513	10640	17753	71036	98143
78487	24280	71798	8517	37105	14527	43899	96869	72285	82033
15379	66393	61074	57864	12282	9244	55629	43607	95107	16949
54249	46691	22936	39660	63908	89608	38497	5276	73008	30488
99796	68941	90728	64798	54811	4248	79959	64875	49380	14476
87469	64164	94341	89186	47280	29879	74421	89676	80742	21842
85253	37537	72392	79726	50702	42085	20426	93996	80504	16455
44499	90138	49226	30196	99364	1355	56763	120	15526	39735
14186	14340	99928	81151	4719	98422	71325	54961	28367	50241
88681	59082	80220	43760	67997	14665	70881	88113	4751	45292

Tab.2a

Tabelle 2: Zufallszahlen nach N(O,1)

¯.738	1.466	¯1.757	.599	¯1.205	¯.258	1.140	3.035	¯.072	¯.234
1.100	.683	1.073	1.098	¯.669	¯1.046	1.871	1.166	¯.513	.448
¯.078	.059	1.137	¯.113	.854	¯.940	.543	.101	1.800	1.621
.134	.378	¯1.776	¯2.258	1.203	1.901	¯1.442	.868	.479	¯.313
1.788	¯.415	.288	¯.485	.658	¯1.724	.404	.355	¯.880	.958
1.864	.723	¯.053	.023	.546	2.460	¯.433	.245	¯.941	¯.068
1.662	¯1.301	.468	¯.296	¯.047	.414	¯1.596	¯.877	¯1.158	¯1.378
1.052	¯.291	¯1.061	¯.845	¯2.150	.839	¯2.463	¯.834	.280	¯.197
¯.777	.221	2.261	¯.183	¯.837	.294	.200	¯1.209	¯1.139	¯.536
.579	¯1.913	¯.178	1.027	¯.693	¯1.000	1.190	1.235	¯.731	¯1.449
¯1.838	¯1.045	¯.381	¯1.304	¯.553	¯.141	¯1.531	¯.222	¯.115	.764
¯.070	¯1.042	1.189	.025	¯.945	¯.304	¯.835	1.503	¯.223	¯1.430
¯.635	¯1.708	¯.497	.432	¯.308	¯.536	¯2.060	.935	¯1.747	1.551
.735	1.332	¯.530	¯.189	¯2.157	.181	¯1.194	¯.607	1.460	.726
1.722	.459	1.840	.073	¯.554	1.408	1.020	.820	¯.401	¯.802
¯2.642	¯.634	1.200	¯1.522	.841	¯.599	¯.522	.515	¯1.804	.658
1.948	.381	.829	.372	¯.034	.430	¯1.308	¯2.200	.464	.176
¯1.307	1.131	.723	¯.156	.174	¯.236	¯1.578	.595	.906	1.340
¯.432	.548	1.572	.035	¯1.100	.704	1.000	1.508	.028	.541
1.612	¯.066	.579	1.623	¯.079	¯.242	¯.744	1.701	1.396	2.570
¯.648	.050	.778	.650	1.073	.948	.603	1.285	¯1.039	¯1.319
¯1.012	¯1.338	.502	.057	2.753	.204	1.344	¯1.498	¯.153	.208
.821	.645	.244	¯2.131	.874	.627	¯.290	.048	¯1.293	¯1.164
¯1.573	¯.530	¯.653	¯.414	1.550	.665	1.510	¯1.417	¯.947	¯.269
¯.504	.836	¯.691	¯1.377	.141	¯.656	¯2.068	.094	¯1.511	.520
.050	.854	.851	2.156	¯1.380	¯.001	¯1.302	.303	¯.091	¯.554
¯.247	¯.191	1.453	.937	¯.638	1.263	.897	.695	.749	2.460
¯.862	¯1.277	1.502	¯.368	.839	1.056	¯.162	¯.433	¯.305	.002
¯1.596	¯.465	¯1.795	¯1.760	.372	¯.480	.608	1.596	1.648	¯1.841
.524	.015	¯.262	1.169	.950	¯1.582	.436	¯.235	¯.436	2.172
¯1.294	¯.266	¯2.346	.019	¯.773	.247	1.364	.707	.227	¯.107
1.688	¯.618	.971	¯.297	.481	¯1.142	¯2.130	¯.982	¯.095	¯.807
¯.903	¯1.826	1.089	¯.533	¯1.197	¯.028	.168	¯.836	¯.778	.749
.678	1.533	¯1.771	¯1.636	1.293	¯1.652	¯1.348	.752	¯.515	1.579
¯1.352	.508	¯.002	.448	¯.630	¯1.530	.312	¯.296	¯.113	¯.195
2.241	¯.778	.248	.101	¯.759	¯1.025	¯.756	¯.231	.756	.979
.964	¯1.553	.311	.484	.015	.653	¯.858	.354	¯.878	.646
1.080	.811	¯.084	¯.455	2.739	¯.570	2.524	¯.353	¯.144	¯.104
¯.272	¯.240	1.094	.391	¯1.599	1.722	¯.014	.464	¯.979	.239
¯.517	¯1.058	¯.161	.167	.798	¯.727	¯.174	1.333	.702	¯1.471
1.856	.194	.413	.831	.519	¯.263	¯.840	¯.538	.096	¯.837
¯.183	1.200	.312	.043	.518	.424	.035	¯1.362	¯.038	¯.960
¯.577	¯.446	¯.697	.557	¯.065	.526	¯1.774	.981	1.652	¯1.702
¯.388	.399	¯.507	2.809	1.105	.335	¯.787	¯.638	1.291	.957
¯1.139	¯2.103	1.565	.389	¯.194	1.362	¯.536	.079	.598	¯.401
¯1.696	.308	.987	¯1.477	¯.272	.173	¯.154	.249	¯1.795	.400
2.015	¯.608	¯.825	.436	¯.626	.890	.828	¯2.524	.552	¯.444
.209	.587	¯1.034	.283	.764	¯.332	¯.694	.598	.343	¯1.041
.245	¯.252	¯.829	.916	¯1.350	¯1.340	1.367	¯.513	.129	1.476
.336	.323	¯.157	1.606	.617	¯1.115	.337	.984	2.500	¯1.031
¯1.218	.142	1.107	.972	.826	¯.923	.599	¯1.198	¯1.337	.600
.680	¯1.070	.301	¯.201	¯1.978	¯.882	¯1.203	1.092	.175	.683
¯1.831	.913	¯.108	¯.634	¯.852	.514	¯1.046	¯.392	1.652	¯.043
1.315	¯.914	.162	.422	¯.202	¯.525	¯1.291	1.184	¯.565	.224
¯.173	¯2.710	¯.819	.948	¯.158	1.241	1.061	¯.647	1.364	¯.521
.301	¯.156	.873	¯1.514	¯1.475	.486	.241	.156	¯.427	¯.642
.527	.277	¯1.259	.581	¯.213	¯.076	¯.669	.764	1.072	¯1.841
.810	¯1.001	2.734	¯.258	.344	¯1.126	¯.682	.295	.903	.024
¯1.617	¯1.103	1.760	¯.426	.813	¯.381	¯.314	¯.541	1.370	1.634
¯.789	¯.241	.873	¯1.086	.609	.419	.082	¯.110	.419	1.975

Tab.2b

Tabelle 2: Fortsetzung

¯.108	¯.318	1.931	1.526	¯.595	1.763	¯.504	¯1.237	¯1.608	¯.041
¯.107	¯.094	¯2.308	¯.146	.335	2.376	¯.056	.403	¯1.104	¯.449
¯.785	¯2.845	¯.998	1.758	¯.493	1.417	¯1.837	1.542	1.729	.452
¯1.251	2.204	¯.312	¯.978	¯2.200	.890	.019	.212	¯.035	¯.130
1.628	.396	¯.358	.603	¯.058	1.348	.954	¯1.051	¯.224	.130
.645	¯.286	.169	¯2.066	2.642	.768	¯.586	.207	1.385	1.311
¯1.165	2.514	¯.182	¯1.611	¯.574	.321	¯.504	.909	¯.983	¯1.161
1.696	¯.897	1.204	¯1.840	.826	.020	1.141	.685	.313	¯.186
.772	1.933	¯1.174	¯.234	¯.331	.609	¯1.097	.344	¯1.075	.707
.997	¯.609	.011	.419	¯.234	¯.348	2.009	¯.756	1.321	¯1.652
¯.457	¯.134	.101	.823	1.583	.760	.363	¯.282	¯.766	¯.774
.855	1.644	¯.172	1.940	¯.709	1.561	.038	1.636	¯.607	¯.090
.328	1.368	¯.460	.118	.140	1.708	.348	¯1.783	¯.296	¯1.460
.064	¯.100	1.191	.783	¯.455	¯1.001	¯.482	¯.824	¯1.492	.121
.316	1.288	1.042	.473	¯.729	¯1.055	¯.148	.065	¯.765	1.329
.778	¯.609	.341	.858	¯.278	¯.020	.583	¯.911	¯.365	.390
.022	¯.777	1.429	¯.843	.147	.243	.442	.690	.395	¯.180
¯1.157	¯1.564	.426	¯.363	.600	¯.161	¯.671	.481	¯1.233	1.730
¯.884	¯1.952	.666	¯1.686	.524	¯.758	¯1.970	.508	.665	1.055
.609	¯.200	.955	¯.688	¯.316	.506	2.376	¯.478	¯.270	¯.366
.133	¯.655	¯1.840	.658	.725	.581	.317	¯.704	.518	¯.424
¯.866	¯1.122	¯.290	.255	¯.359	¯.041	¯1.547	¯1.013	¯.109	¯1.028
¯.875	3.179	¯.562	1.396	¯.082	.176	¯.070	¯.234	.409	1.123
.777	¯.299	1.309	1.078	¯.784	¯.217	¯.632	.449	¯.688	.657
.832	.423	1.412	¯1.600	.860	¯.830	¯.453	1.382	¯1.146	¯2.246
¯.541	.152	.713	¯.973	¯.594	2.207	.527	1.096	.063	.631
¯.361	.653	¯1.094	¯.535	.475	.854	¯.517	.565	.488	1.459
¯.473	¯.214	1.129	.683	1.527	¯.087	.476	¯.653	1.482	¯.854
.754	.792	.342	.844	.183	¯1.332	¯.059	¯.886	¯.050	¯1.382
¯.625	¯1.212	.556	.540	.883	¯.462	1.966	¯1.346	¯.564	.512
¯.250	.250	.532	¯1.431	¯1.176	1.032	¯.072	1.204	.527	¯.015
.679	¯.027	¯1.448	¯.183	1.594	¯2.429	.877	.695	¯1.018	¯.830
1.316	2.902	.100	¯1.797	.821	.624	¯1.376	.949	1.536	.603
¯.027	¯1.746	¯.706	1.569	2.197	¯.628	.333	.966	.017	¯.180
¯1.235	¯3.529	.270	¯.626	1.088	¯.503	¯.828	1.074	¯.653	1.348
.687	¯1.029	¯.379	1.962	2.396	.480	¯.638	¯.338	¯1.284	¯1.594
1.007	2.718	¯.169	¯1.648	¯.560	¯.306	1.300	¯2.103	¯.992	¯1.111
1.566	¯.038	¯.720	¯2.189	¯.993	.700	1.191	¯.712	¯.183	¯.265
1.124	1.792	¯.279	.686	.762	.327	¯1.099	¯.667	1.224	1.169
.541	.583	¯.621	.475	.236	¯.005	¯1.889	¯.063	¯1.836	¯1.870
¯1.078	.383	¯.527	.089	¯1.209	¯.272	.682	.054	¯.868	.598
¯.879	.735	.307	¯1.699	.705	¯1.639	.064	¯.937	¯.247	2.001
¯.407	¯.367	.384	¯.227	¯1.050	¯.285	¯.193	¯1.076	¯.461	¯1.757
¯.079	¯.113	.353	.186	¯1.422	¯1.527	¯.108	¯.867	¯.246	1.045
.019	1.362	1.037	1.076	.849	1.124	¯1.247	¯.090	¯.347	¯.934
¯1.049	¯.212	.298	.859	¯.695	¯.641	.414	¯.920	2.422	¯.111
.596	¯1.078	¯.285	.722	¯1.522	.355	¯.556	¯.677	¯.890	2.314
¯1.525	1.957	¯.134	¯.760	.228	.703	.618	.660	.526	1.684
¯.980	¯1.935	.507	.790	.107	¯.529	¯.069	¯.958	.442	.221
1.658	¯.601	¯.962	.341	¯.392	¯.503	¯2.076	1.450	1.630	.451
.170	¯.513	¯1.612	¯.852	.454	¯1.141	.814	.829	.276	¯.344
1.045	¯.232	¯.600	.685	¯.162	¯.329	¯.600	¯.530	.103	¯.219
1.590	1.470	.311	¯1.330	¯.154	¯.382	¯.813	1.142	¯.408	.680
¯.997	¯.841	1.763	.080	.788	.355	¯1.827	.428	.696	1.020
¯.195	.325	1.217	.898	.253	.981	¯.422	.232	.785	1.058
¯.912	.174	1.153	1.723	¯.805	¯3.295	1.348	¯.934	.192	.565
¯.285	¯.266	.604	¯.226	¯.188	¯.388	.006	¯1.120	¯1.294	1.528
¯.394	1.177	¯.583	¯1.694	1.624	¯.609	.176	.084	¯.889	¯1.319
¯.774	¯.757	¯.547	.044	¯.809	¯1.159	¯.005	.654	.277	¯1.347
.303	¯.447	.484	¯.735	1.254	.349	¯1.625	1.249	.556	¯.917

Tab.3a

Tabelle 3: Wahrscheinlichkeitsfunktion f(k) und Verteilungsfunktion F(k) der Binomialverteilung B(n,p).

Es gilt: f(k|n,p) = f(n-k|n,1-p)

n	k	p = 0.1		p = 0.2		p = 0.3		p = 0.4		p = 0.5	
		f(k)	F(k)	f(k)	F(k)	f(k)	F(k)	f(k)	F(k)	f(k)	F(k)
3	0	.729	.729	.512	.512	.343	.343	.216	.216	.125	.125
	1	.243	.972	.384	.896	.441	.784	.432	.648	.375	.500
	2	.027	.999	.096	.992	.189	.973	.288	.936	.375	.875
	3	.001	1.000	.008	1.000	.027	1.000	.064	1.000	.125	1.000
4	0	.656	.656	.410	.410	.240	.240	.130	.130	.063	.063
	1	.292	.948	.410	.819	.412	.652	.346	.475	.250	.313
	2	.049	.996	.154	.973	.265	.916	.346	.821	.375	.688
	3	.004	1.000	.026	.998	.076	.992	.154	.974	.250	.938
	4	.000	1.000	.002	1.000	.008	1.000	.026	1.000	.063	1.000
5	0	.590	.590	.328	.328	.168	.168	.078	.078	.031	.031
	1	.328	.919	.410	.737	.360	.528	.259	.337	.156	.188
	2	.073	.991	.205	.942	.309	.837	.346	.683	.313	.500
	3	.008	1.000	.051	.993	.132	.969	.230	.913	.313	.813
	4	.000	1.000	.006	1.000	.028	.998	.077	.990	.156	.969
	5	.000	1.000	.000	1.000	.002	1.000	.010	1.000	.031	1.000
6	0	.531	.531	.262	.262	.118	.118	.047	.047	.016	.016
	1	.354	.886	.393	.655	.303	.420	.187	.233	.094	.109
	2	.098	.984	.246	.901	.324	.744	.311	.544	.234	.344
	3	.015	.999	.082	.983	.185	.930	.276	.821	.313	.656
	4	.001	1.000	.015	.998	.060	.989	.138	.959	.234	.891
	5	.000	1.000	.002	1.000	.010	.999	.037	.996	.094	.984
	6	.000	1.000	.000	1.000	.001	1.000	.004	1.000	.016	1.000
7	0	.478	.478	.210	.210	.082	.082	.028	.028	.008	.008
	1	.372	.850	.367	.577	.247	.329	.131	.159	.055	.063
	2	.124	.974	.275	.852	.318	.647	.261	.420	.164	.227
	3	.023	.997	.115	.967	.227	.874	.290	.710	.273	.500
	4	.003	1.000	.029	.995	.097	.971	.194	.904	.273	.773
	5	.000	1.000	.004	1.000	.025	.996	.077	.981	.164	.938
	6	.000	1.000	.000	1.000	.004	1.000	.017	.998	.055	.992
	7	.000	1.000	.000	1.000	.000	1.000	.002	1.000	.008	1.000

Tab.3b

Tabelle 3: Fortsetzung

n	k	p = 0.1 f(k)	p = 0.1 F(k)	p = 0.2 f(k)	p = 0.2 F(k)	p = 0.3 f(k)	p = 0.3 F(k)	p = 0.4 f(k)	p = 0.4 F(k)	p = 0.5 f(k)	p = 0.5 F(k)
8	0	.430	.430	.168	.168	.058	.058	.017	.017	.004	.004
	1	.383	.813	.336	.503	.198	.255	.090	.106	.031	.035
	2	.149	.962	.294	.797	.296	.552	.209	.315	.109	.145
	3	.033	.995	.147	.944	.254	.806	.279	.594	.219	.363
	4	.005	1.000	.046	.990	.136	.942	.232	.826	.273	.637
	5	.000	1.000	.009	.999	.047	.989	.124	.950	.219	.855
	6	.000	1.000	.001	1.000	.010	.999	.041	.991	.109	.965
	7	.000	1.000	.000	1.000	.001	1.000	.008	.999	.031	.996
	8	.000	1.000	.000	1.000	.000	1.000	.001	1.000	.004	1.000
9	0	.387	.387	.134	.134	.040	.040	.010	.010	.002	.002
	1	.387	.775	.302	.436	.156	.196	.060	.071	.018	.020
	2	.172	.947	.302	.738	.267	.463	.161	.232	.070	.090
	3	.045	.992	.176	.914	.267	.730	.251	.483	.164	.254
	4	.007	.999	.066	.980	.172	.901	.251	.733	.246	.500
	5	.001	1.000	.017	.997	.074	.975	.167	.901	.246	.746
	6	.000	1.000	.003	1.000	.021	.996	.074	.975	.164	.910
	7	.000	1.000	.000	1.000	.004	1.000	.021	.996	.070	.980
	8	.000	1.000	.000	1.000	.000	1.000	.004	1.000	.018	.998
	9	.000	1.000	.000	1.000	.000	1.000	.000	1.000	.002	1.000
10	0	.349	.349	.107	.107	.028	.028	.006	.006	.001	.001
	1	.387	.736	.268	.376	.121	.149	.040	.046	.010	.011
	2	.194	.930	.302	.678	.233	.383	.121	.167	.044	.055
	3	.057	.987	.201	.879	.267	.650	.215	.382	.117	.172
	4	.011	.998	.088	.967	.200	.850	.251	.633	.205	.377
	5	.001	1.000	.026	.994	.103	.953	.201	.834	.246	.623
	6	.000	1.000	.006	.999	.037	.989	.111	.945	.205	.828
	7	.000	1.000	.001	1.000	.009	.998	.042	.988	.117	.945
	8	.000	1.000	.000	1.000	.001	1.000	.011	.998	.044	.989
	9	.000	1.000	.000	1.000	.000	1.000	.002	1.000	.010	.999
	10	.000	1.000	.000	1.000	.000	1.000	.000	1.000	.001	1.000

B (n, p)
n = 8, . . . , 10

Tab.3c

Tabelle 3: Fortsetzung

n	k	p = 0.1		p = 0.2		p = 0.3		p = 0.4		p = 0.5	
		f(k)	F(k)	f(k)	F(k)	f(k)	F(k)	f(k)	F(k)	f(k)	F(k)
11	0	.314	.314	.086	.086	.020	.020	.004	.004	.000	.000
	1	.384	.697	.236	.322	.093	.113	.027	.030	.005	.006
	2	.213	.910	.295	.617	.200	.313	.089	.119	.027	.033
	3	.071	.981	.221	.839	.257	.570	.177	.296	.081	.113
	4	.016	.997	.111	.950	.220	.790	.236	.533	.161	.274
	5	.002	1.000	.039	.988	.132	.922	.221	.753	.226	.500
	6	.000	1.000	.010	.998	.057	.978	.147	.901	.226	.726
	7	.000	1.000	.002	1.000	.017	.996	.070	.971	.161	.887
	8	.000	1.000	.000	1.000	.004	.999	.023	.994	.081	.967
	9	.000	1.000	.000	1.000	.001	1.000	.005	.999	.027	.994
	10	.000	1.000	.000	1.000	.000	1.000	.001	1.000	.005	1.000
	11	.000	1.000	.000	1.000	.000	1.000	.000	1.000	.000	1.000
12	0	.282	.282	.069	.069	.014	.014	.002	.002	.000	.000
	1	.377	.659	.206	.275	.071	.085	.017	.020	.003	.003
	2	.230	.889	.283	.558	.168	.253	.064	.083	.016	.019
	3	.085	.974	.236	.795	.240	.493	.142	.225	.054	.073
	4	.021	.996	.133	.927	.231	.724	.213	.438	.121	.194
	5	.004	.999	.053	.981	.158	.882	.227	.665	.193	.387
	6	.000	1.000	.016	.996	.079	.961	.177	.842	.226	.613
	7	.000	1.000	.003	.999	.029	.991	.101	.943	.193	.806
	8	.000	1.000	.001	1.000	.008	.998	.042	.985	.121	.927
	9	.000	1.000	.000	1.000	.001	1.000	.012	.997	.054	.981
	10	.000	1.000	.000	1.000	.000	1.000	.002	1.000	.016	.997
	11	.000	1.000	.000	1.000	.000	1.000	.000	1.000	.003	1.000
	12	.000	1.000	.000	1.000	.000	1.000	.000	1.000	.000	1.000

Tab.4a

Tabelle 4: Werte der Exponentialfunktion e^x

x	.00	.01	.02	.03	.04	.05	.06	.07	.08	.09
.0	1.000	1.010	1.020	1.030	1.041	1.051	1.062	1.073	1.083	1.094
.1	1.105	1.116	1.127	1.139	1.150	1.162	1.174	1.185	1.197	1.209
.2	1.221	1.234	1.246	1.259	1.271	1.284	1.297	1.310	1.323	1.336
.3	1.350	1.363	1.377	1.391	1.405	1.419	1.433	1.448	1.462	1.477
.4	1.492	1.507	1.522	1.537	1.553	1.568	1.584	1.600	1.616	1.632
.5	1.649	1.665	1.682	1.699	1.716	1.733	1.751	1.768	1.786	1.804
.6	1.822	1.840	1.859	1.878	1.896	1.916	1.935	1.954	1.974	1.994
.7	2.014	2.034	2.054	2.075	2.096	2.117	2.138	2.160	2.181	2.203
.8	2.226	2.248	2.270	2.293	2.316	2.340	2.363	2.387	2.411	2.435
.9	2.460	2.484	2.509	2.535	2.560	2.586	2.612	2.638	2.664	2.691
1.0	2.718	2.746	2.773	2.801	2.829	2.858	2.886	2.915	2.945	2.974
1.1	3.004	3.034	3.065	3.096	3.127	3.158	3.190	3.222	3.254	3.287
1.2	3.320	3.353	3.387	3.421	3.456	3.490	3.525	3.561	3.597	3.633
1.3	3.669	3.706	3.743	3.781	3.819	3.857	3.896	3.935	3.975	4.015
1.4	4.055	4.096	4.137	4.179	4.221	4.263	4.306	4.349	4.393	4.437
1.5	4.482	4.527	4.572	4.618	4.665	4.711	4.759	4.807	4.855	4.904
1.6	4.953	5.003	5.053	5.104	5.155	5.207	5.259	5.312	5.366	5.419
1.7	5.474	5.529	5.585	5.641	5.697	5.755	5.812	5.871	5.930	5.989
1.8	6.050	6.110	6.172	6.234	6.297	6.360	6.424	6.488	6.554	6.619
1.9	6.686	6.753	6.821	6.890	6.959	7.029	7.099	7.171	7.243	7.316
2.0	7.389	7.463	7.538	7.614	7.691	7.768	7.846	7.925	8.004	8.085
2.1	8.166	8.248	8.331	8.415	8.499	8.585	8.671	8.758	8.846	8.935
2.2	9.025	9.116	9.207	9.300	9.393	9.488	9.583	9.679	9.777	9.875
2.3	9.974	10.074	10.176	10.278	10.381	10.486	10.591	10.697	10.805	10.913
2.4	11.023	11.134	11.246	11.359	11.473	11.588	11.705	11.822	11.941	12.061
2.5	12.182	12.305	12.429	12.554	12.680	12.807	12.936	13.066	13.197	13.330
2.6	13.464	13.599	13.736	13.874	14.013	14.154	14.296	14.440	14.585	14.732
2.7	14.880	15.029	15.180	15.333	15.487	15.643	15.800	15.959	16.119	16.281
2.8	16.445	16.610	16.777	16.945	17.116	17.288	17.462	17.637	17.814	17.993
2.9	18.174	18.357	18.541	18.728	18.916	19.106	19.298	19.492	19.688	19.886

e^x

Tab.4b

Tabelle 4: Fortsetzung

x	.00	.01	.02	.03	.04	.05	.06	.07	.08	.09
3.0	20.086	20.287	20.491	20.697	20.905	21.115	21.328	21.542	21.758	21.977
3.1	22.198	22.421	22.646	22.874	23.104	23.336	23.571	23.807	24.047	24.288
3.2	24.533	24.779	25.028	25.280	25.534	25.790	26.050	26.311	26.576	26.843
3.3	27.113	27.385	27.660	27.938	28.219	28.503	28.789	29.079	29.371	29.666
3.4	29.964	30.265	30.569	30.877	31.187	31.500	31.817	32.137	32.460	32.786
3.5	33.115	33.448	33.784	34.124	34.467	34.813	35.163	35.517	35.874	36.234
3.6	36.598	36.966	37.338	37.713	38.092	38.475	38.861	39.252	39.646	40.045
3.7	40.447	40.854	41.264	41.679	42.098	42.521	42.948	43.380	43.816	44.256
3.8	44.701	45.150	45.604	46.063	46.525	46.993	47.465	47.942	48.424	48.911
3.9	49.402	49.899	50.400	50.907	51.419	51.935	52.457	52.985	53.517	54.055
4.0	54.598	55.147	55.701	56.261	56.826	57.397	57.974	58.557	59.145	59.740
4.1	60.340	60.947	61.559	62.178	62.803	63.434	64.072	64.715	65.366	66.023
4.2	66.686	67.357	68.033	68.717	69.408	70.105	70.810	71.522	72.240	72.966
4.3	73.700	74.440	75.189	75.944	76.708	77.478	78.257	79.044	79.838	80.640
4.4	81.451	82.269	83.096	83.931	84.775	85.627	86.488	87.357	88.235	89.121
4.5	90.017	90.922	91.836	92.759	93.691	94.632	95.583	96.544	97.514	98.494
4.6	99.484	100.484	101.494	102.514	103.544	104.585	105.636	106.698	107.770	108.853
4.7	109.947	111.052	112.168	113.296	114.434	115.584	116.746	117.919	119.104	120.301
4.8	121.510	122.732	123.965	125.211	126.469	127.740	129.024	130.321	131.631	132.954
4.9	134.290	135.639	137.003	138.380	139.770	141.175	142.594	144.027	145.474	146.936
5.0	148.413	149.905	151.411	152.933	154.470	156.022	157.591	159.174	160.774	162.390
5.1	164.022	165.670	167.335	169.017	170.716	172.431	174.164	175.915	177.683	179.469
5.2	181.272	183.094	184.934	186.793	188.670	190.566	192.481	194.416	196.370	198.343
5.3	200.337	202.350	204.384	206.438	208.513	210.608	212.725	214.863	217.022	219.203
5.4	221.406	223.632	225.879	228.149	230.442	232.758	235.097	237.460	239.847	242.257
5.5	244.692	247.151	249.635	252.144	254.678	257.238	259.823	262.434	265.072	267.736
5.6	270.426	273.144	275.889	278.662	281.463	284.291	287.149	290.035	292.949	295.894
5.7	298.867	301.871	304.905	307.969	311.064	314.191	317.348	320.538	323.759	327.013
5.8	330.300	333.619	336.972	340.359	343.779	347.234	350.724	354.249	357.809	361.405
5.9	365.037	368.706	372.412	376.155	379.935	383.753	387.610	391.506	395.440	399.415

e^x

Tab.5

Tabelle 5: Verteilungsfunktion Φ(z) der standardisierten Normalverteilung N(0,1).

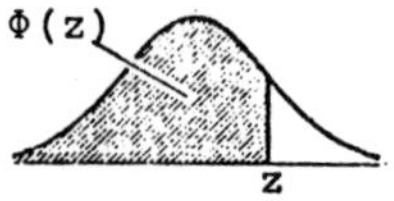

Beachte: Φ(-z) = 1 - Φ(z)

z	.00	.01	.02	.03	.04	.05	.06	.07	.08	.09
.0	.500	.504	.508	.512	.516	.520	.524	.528	.532	.536
.1	.540	.544	.548	.552	.556	.560	.564	.567	.571	.575
.2	.579	.583	.587	.591	.595	.599	.603	.606	.610	.614
.3	.618	.622	.626	.629	.633	.637	.641	.644	.648	.652
.4	.655	.659	.663	.666	.670	.674	.677	.681	.684	.688
.5	.691	.695	.698	.702	.705	.709	.712	.716	.719	.722
.6	.726	.729	.732	.736	.739	.742	.745	.749	.752	.755
.7	.758	.761	.764	.767	.770	.773	.776	.779	.782	.785
.8	.788	.791	.794	.797	.800	.802	.805	.808	.811	.813
.9	.816	.819	.821	.824	.826	.829	.831	.834	.836	.839
1.0	.841	.844	.846	.848	.851	.853	.855	.858	.860	.862
1.1	.864	.867	.869	.871	.873	.875	.877	.879	.881	.883
1.2	.885	.887	.889	.891	.893	.894	.896	.898	.900	.901
1.3	.903	.905	.907	.908	.910	.911	.913	.915	.916	.918
1.4	.919	.921	.922	.924	.925	.926	.928	.929	.931	.932
1.5	.933	.934	.936	.937	.938	.939	.941	.942	.943	.944
1.6	.945	.946	.947	.948	.949	.951	.952	.953	.954	.954
1.7	.955	.956	.957	.958	.959	.960	.961	.962	.962	.963
1.8	.964	.965	.966	.966	.967	.968	.969	.969	.970	.971
1.9	.971	.972	.973	.973	.974	.974	.975	.976	.976	.977
2.0	.977	.978	.978	.979	.979	.980	.980	.981	.981	.982
2.1	.982	.983	.983	.983	.984	.984	.985	.985	.985	.986
2.2	.986	.986	.987	.987	.987	.988	.988	.988	.989	.989
2.3	.989	.990	.990	.990	.990	.991	.991	.991	.991	.992
2.4	.992	.992	.992	.992	.993	.993	.993	.993	.993	.994
2.5	.994	.994	.994	.994	.994	.995	.995	.995	.995	.995
2.6	.995	.995	.996	.996	.996	.996	.996	.996	.996	.996
2.7	.997	.997	.997	.997	.997	.997	.997	.997	.997	.997
2.8	.997	.998	.998	.998	.998	.998	.998	.998	.998	.998
2.9	.998	.998	.998	.998	.998	.998	.998	.999	.999	.999

N (0, 1)
z → Φ (z)

Tab.6

Tabelle 6: Perzentile z_p der standardisierten Normalverteilung N(0,1).

Es gilt: $P(Z \leq z_p) = \Phi(z_p) = p$

$\Phi(z_p)$	z_p	$\Phi(z_p)$	z_p	$\Phi(z_p)$	z_p
.51	.025	.71	.553	.91	1.341
.52	.050	.72	.583	.92	1.405
.53	.075	.73	.613	.93	1.476
.54	.100	.74	.643	.94	1.555
.55	.126	.75	.674	.95	1.645
.56	.151	.76	.706	.96	1.751
.57	.176	.77	.739	.97	1.881
.58	.202	.78	.772	.975	1.960
.59	.228	.79	.806	.98	2.054
.60	.253	.80	.842	.99	2.326
.61	.279	.81	.878	.991	2.366
.62	.305	.82	.915	.992	2.409
.63	.332	.83	.954	.993	2.457
.64	.358	.84	.994	.994	2.512
.65	.385	.85	1.036	.995	2.576
.66	.412	.86	1.080	.996	2.652
.67	.440	.87	1.126	.997	2.748
.68	.468	.88	1.175	.998	2.878
.69	.496	.89	1.227	.999	3.090
.70	.524	.90	1.282	.9999	3.719

Tab.7a

Tabelle 7: Perzentile t_p der Student'schen t-Verteilung.

Es gilt: $P(T \le t_p) = F(t_p) = p$

$F(-t_p) = 1 - F(t_p)$

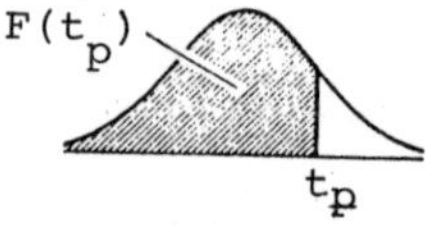

$F(t_p)$	Anzahl der Freiheitsgrade 1	2	3	4	5	6	7
0.9	3.078	1.886	1.638	1.533	1.476	1.440	1.415
0.95	6.314	2.920	2.353	2.132	2.015	1.943	1.895
0.975	12.706	4.303	3.183	2.776	2.571	2.447	2.365
0.99	31.821	6.965	4.541	3.747	3.365	3.143	2.998
0.995	63.657	9.725	5.841	4.604	4.032	3.707	3.499

$F(t_p)$	Anzahl der Freiheitsgrade 8	9	10	11	12	13	14
0.9	1.397	1.383	1.372	1.363	1.356	1.350	1.345
0.95	1.860	1.833	1.812	1.796	1.782	1.771	1.761
0.975	2.306	2.262	2.228	2.201	2.179	2.160	2.145
0.99	2.896	2.821	2.764	2.718	2.681	2.650	2.624
0.995	3.355	3.250	3.169	3.106	3.055	3.012	2.977

$F(t_p)$	Anzahl der Freiheitsgrade 15	16	17	18	19	20	21
0.9	1.341	1.337	1.333	1.330	1.328	1.325	1.323
0.95	1.753	1.746	1.740	1.734	1.729	1.725	1.721
0.975	2.131	2.120	2.110	2.101	2.093	2.086	2.080
0.99	2.602	2.583	2.567	2.552	2.539	2.528	2.518
0.995	2.947	2.921	2.898	2.878	2.861	2.845	2.631

$F(t_p)$	Anzahl der Freiheitsgrade 22	23	24	25	26	27	28
0.9	1.321	1.319	1.318	1.316	1.315	1.314	1.313
0.95	1.717	1.714	1.711	1.708	1.706	1.703	1.701
0.975	2.074	2.069	2.064	2.060	2.056	2.052	2.048
0.99	2.508	2.500	2.492	2.485	2.479	2.473	2.467
0.995	2.819	2.807	2.797	2.787	2.779	2.771	2.763

t (f)
f = 1, . . . , 28

Tab.7b

Tabelle 7: Fortsetzung

$F(t_p)$	Anzahl der Freiheitsgrade 29	30	31	32	33	34	35
0.9	1.311	1.310	1.309	1.309	1.308	1.307	1.306
0.95	1.699	1.697	1.696	1.694	1.692	1.691	1.690
0.975	2.045	2.042	2.040	2.037	2.035	2.032	2.030
0.99	2.462	2.457	2.453	2.449	2.445	2.441	2.438
0.995	2.756	2.750	2.744	2.738	2.733	2.728	2.724

$F(t_p)$	Anzahl der Freiheitsgrade 40	45	50	55	60	65	70
0.9	1.303	1.301	1.299	1.297	1.296	1.295	1.294
0.95	1.684	1.679	1.676	1.673	1.671	1.669	1.667
0.975	2.021	2.014	2.009	2.004	2.000	1.997	1.994
0.99	2.423	2.412	2.403	2.396	2.390	2.385	2.381
0.995	2.704	2.690	2.678	2.668	2.660	2.654	2.648

$F(t_p)$	Anzahl der Freiheitsgrade 75	80	85	90	95	100	105
0.9	1.293	1.292	1.292	1.291	1.291	1.290	1.290
0.95	1.665	1.664	1.663	1.662	1.661	1.660	1.659
0.975	1.992	1.990	1.988	1.987	1.985	1.984	1.983
0.99	2.377	2.374	2.371	2.368	2.366	2.364	2.362
0.995	2.643	2.639	2.635	2.632	2.629	2.626	2.623

t (f)
f = 29, . . . , 105

Tabelle 8: Perzentile $\chi_p^2(f)$ der Chi-Quadrat Verteilung mit f Freiheitsgrade.

Es gilt: $P(\chi^2(f) \leq \chi_p^2(f)) = F(\chi_p^2(f)) = p$

p	Anzahl der Freiheitsgrade 1	2	3	4	5	6	7	8	9	10	11	12
0.005	.000	.010	.072	.207	.412	.676	.989	1.344	1.735	2.156	2.603	3.074
0.01	.000	.020	.115	.297	.554	.872	1.239	1.646	2.088	2.558	3.053	3.571
0.02	.001	.040	.185	.429	.752	1.134	1.564	2.032	2.532	3.059	3.609	4.178
0.025	.001	.051	.216	.484	.831	1.237	1.690	2.180	2.700	3.247	3.816	4.404
0.05	.004	.103	.352	.711	1.145	1.635	2.167	2.733	3.325	3.940	4.575	5.226
0.1	.016	.211	.584	1.064	1.610	2.204	2.833	3.490	4.168	4.865	5.578	6.304
0.5	.455	1.386	2.366	3.357	4.351	5.348	6.346	7.344	8.343	9.342	10.341	11.340
0.9	2.706	4.605	6.251	7.779	9.236	10.645	12.017	13.362	14.684	15.987	17.275	18.549
0.95	3.841	5.991	7.815	9.488	11.070	12.592	14.067	15.507	16.919	18.307	19.675	21.026
0.975	5.024	7.378	9.348	11.143	12.832	14.449	16.013	17.535	19.023	20.483	21.920	23.336
0.98	5.412	7.824	9.837	11.668	13.388	15.033	16.622	18.168	19.679	21.161	22.618	24.054
0.99	6.635	9.210	11.345	13.277	15.086	16.812	18.475	20.090	21.666	23.209	24.725	26.217
0.995	7.879	10.597	12.838	14.860	16.750	18.548	20.278	21.955	23.589	25.188	26.757	28.300

p	Anzahl der Freiheitsgrade 13	14	15	16	17	18	19	20	21	22	23	24
0.005	3.565	4.075	4.601	5.142	5.697	6.265	6.844	7.434	8.034	8.643	9.260	9.886
0.01	4.107	4.660	5.229	5.812	6.408	7.015	7.633	8.260	8.897	9.542	10.196	10.856
0.02	4.765	5.368	5.985	6.614	7.255	7.906	8.567	9.237	9.915	10.600	11.293	11.992
0.025	5.009	5.629	6.262	6.908	7.564	8.231	8.907	9.591	10.283	10.982	11.689	12.401
0.05	5.892	6.571	7.261	7.962	8.672	9.390	10.117	10.851	11.591	12.338	13.091	13.848
0.1	7.042	7.790	8.547	9.312	10.085	10.865	11.651	12.443	13.240	14.041	14.848	15.659
0.5	12.340	13.339	14.339	15.338	16.338	17.338	18.338	19.337	20.337	21.337	22.337	23.337
0.9	19.812	21.064	22.307	23.542	24.769	25.989	27.204	28.412	29.615	30.813	32.007	33.196
0.95	22.362	23.685	24.996	26.296	27.587	28.869	30.144	31.410	32.671	33.924	35.172	36.415
0.975	24.736	26.119	27.488	28.845	30.191	31.526	32.852	34.170	35.479	36.781	38.076	39.364
0.98	25.472	26.873	28.259	29.633	30.995	32.346	33.687	35.020	36.343	37.659	38.968	40.270
0.99	27.688	29.141	30.578	32.000	33.409	34.805	36.191	37.566	38.932	40.289	41.638	42.980
0.995	29.819	31.319	32.801	34.267	35.718	37.156	38.582	39.997	41.401	42.796	44.181	45.559

Beachte: für großes f gilt $\chi^2(f) \doteq 0.5 \cdot (z_p + \sqrt{2f-1})^2$, wobei z_p das Perzentil von N(0,1) ist.

χ^2 (f)
f = 1, . . . , 24

P	Anzahl der Freiheitsgrade 25	26	27	28	29	30	31	32	33	34	35	40
0.005	10.520	11.160	11.808	12.461	13.121	13.787	14.458	15.134	15.815	16.501	17.192	20.707
0.01	11.524	12.198	12.879	13.565	14.256	14.953	15.655	16.362	17.074	17.789	18.509	22.164
0.02	12.697	13.409	14.125	14.847	15.574	16.306	17.042	17.783	18.527	19.275	20.027	23.838
0.025	13.120	13.844	14.573	15.308	16.047	16.791	17.539	18.291	19.047	19.806	20.569	24.433
0.05	14.611	15.379	16.151	16.928	17.708	18.493	19.201	20.072	20.867	21.664	22.465	26.509
0.1	16.473	17.292	18.114	18.939	19.768	20.599	21.434	22.271	23.110	23.952	24.797	29.051
0.5	24.337	25.336	26.336	27.336	28.336	29.336	30.336	31.336	32.336	33.336	34.336	39.335
0.9	34.382	35.563	36.741	37.916	39.087	40.256	41.422	42.585	43.745	44.903	46.059	51.805
0.95	37.652	38.885	40.113	41.337	42.557	43.773	44.985	46.194	47.400	48.602	49.802	55.758
0.975	40.646	41.923	43.194	44.461	45.722	46.979	48.232	49.480	50.725	51.966	53.203	59.342
0.98	41.566	42.856	44.140	45.419	46.693	47.962	49.226	50.487	51.743	52.995	54.244	60.436
0.99	44.314	45.642	46.963	48.278	49.588	50.892	52.191	53.486	54.776	56:061	57.342	63.691
0.995	46.928	48.290	49.645	50.993	52.336	53.672	55.003	56.328	57.648	58.964	60.275	66.766

P	Anzahl der Freiheitsgrade 45	50	55	60	65	70	75	80	85	90	95	100
0.005	24.311	27.991	31.735	35.534	39.383	43.275	47.206	51.172	55.170	59.196	63.250	67.328
0.01	25.901	29.707	33.570	37.485	41.444	45.442	49.475	53.540	57.634	61.754	65.898	70.065
0.02	27.720	31.664	35.659	39.699	43.779	47.893	52.039	56.213	60.412	64.635	68.879	73.142
0.025	28.366	32.357	36.398	40.482	44.603	48.758	52.942	57.153	61.389	65.647	69.925	74.222
0.05	30.612	34.764	38.958	43.188	47.450	51.739	56.054	60.391	64.749	69.126	73.520	77.929
0.1	33.350	37.689	42.060	46.459	50.883	55.329	59.795	64.278	68.777	73.291	77.818	82.358
0.5	44.335	49.335	54.335	59.335	64.335	69.334	74.334	79.334	84.334	89.334	94.334	99.334
0.9	57.505	63.167	68.796	74.397	79.973	85.527	91.061	96.578	102.079	107.565	113.038	118.498
0.95	61.656	67.505	73.311	79.082	84.821	90.531	96.217	101.879	107.522	113.145	118.752	124.342
0.975	65.410	71.420	77.380	83.298	89.177	95.023	100.839	106.629	112.393	118.136	123.858	129.561
0.98	66.555	72.613	78.619	84.580	90.501	96.388	102.243	108.069	113.871	119.649	125.405	131.142
0.99	69.957	76.154	82.292	88.397	94.422	100.425	106.393	112.329	118.236	124.116	129.973	135.806
0.995	73.166	79.490	85.749	91.952	98.105	104.215	110.286	116.321	122.325	128.299	134.247	140.169

χ^2 (f)
f = 25, . . . , 100

Tabelle 9: Perzentile $F_p(m,n)$ der F-Verteilung mit m und n Freiheitsgraden.

Es gilt: $P(F(m,n) \le F_p(m,n)) = p$.

Achtung: $F_p(m,n) = 1/F_{1-p}(n,m)$.

p = 0.95

n \ m	1	2	3	4	5	6	7	8	9	10	15	20	30	40	50	100	∞
1	161.	200.	216.	225.	230.	234.	237.	239.	241.	242.	246.	248.	250.	251.	252.	253.	254.
2	18.51	19.00	19.20	19.20	19.30	19.30	19.40	19.40	19.40	19.40	19.40	19.40	19.50	19.50	19.50	19.50	19.50
3	10.13	9.55	9.28	9.12	9.01	8.94	8.89	8.85	8.81	8.79	8.69	8.66	8.62	8.59	8.58	8.55	8.53
4	7.71	6.94	6.59	6.39	6.26	6.16	6.09	6.04	6.00	5.96	5.86	5.80	5.75	5.72	5.70	5.66	5.63
5	6.61	5.79	5.41	5.19	5.05	4.95	4.88	4.82	4.77	4.74	4.62	4.56	4.50	4.46	4.44	4.41	4.37
6	5.99	5.14	4.76	4.53	4.39	4.28	4.21	4.15	4.10	4.06	3.94	3.87	3.81	3.77	3.75	3.71	3.67
7	5.59	4.74	4.35	4.12	3.97	3.87	3.79	3.73	3.68	3.64	3.51	3.44	3.38	3.34	3.32	3.27	3.23
8	5.32	4.46	4.07	3.84	3.69	3.58	3.50	3.44	3.39	3.35	3.22	3.15	3.08	3.04	3.02	2.97	2.93
9	5.12	4.26	3.86	3.63	3.48	3.37	3.29	3.23	3.18	3.14	3.01	2.94	2.86	2.83	2.80	2.76	2.71
10	4.96	4.10	3.71	3.48	3.33	3.22	3.14	3.07	3.02	2.98	2.85	2.77	2.70	2.66	2.64	2.59	2.54
12	4.75	3.89	3.49	3.26	3.11	3.00	2.91	2.85	2.80	2.75	2.62	2.54	2.47	2.43	2.40	2.35	2.30
14	4.60	3.74	3.34	3.11	2.96	2.85	2.76	2.70	2.65	2.60	2.46	2.39	2.31	2.27	2.24	2.19	2.13
16	4.49	3.63	3.24	3.01	2.85	2.74	2.66	2.59	2.54	2.49	2.35	2.28	2.19	2.15	2.12	2.07	2.01
18	4.41	3.55	3.16	2.93	2.77	2.66	2.58	2.51	2.46	2.41	2.27	2.19	2.11	2.06	2.04	1.98	1.92
20	4.35	3.49	3.10	2.87	2.71	2.60	2.51	2.45	2.39	2.35	2.20	2.12	2.04	1.99	1.97	1.91	1.84
25	4.24	3.39	2.99	2.76	2.60	2.49	2.40	2.34	2.28	2.24	2.09	2.01	1.92	1.87	1.84	1.78	1.71
30	4.17	3.32	2.92	2.69	2.53	2.42	2.33	2.27	2.21	2.16	2.01	1.93	1.84	1.79	1.76	1.70	1.62
40	4.08	3.23	2.84	2.61	2.45	2.34	2.25	2.18	2.12	2.08	1.92	1.84	1.74	1.69	1.66	1.59	1.51
50	4.03	3.18	2.79	2.56	2.40	2.29	2.20	2.13	2.07	2.03	1.87	1.78	1.69	1.63	1.60	1.52	1.44
60	4.00	3.15	2.76	2.53	2.37	2.25	2.17	2.10	2.04	1.99	1.84	1.75	1.65	1.59	1.56	1.48	1.39
70	3.98	3.13	2.74	2.50	2.35	2.23	2.14	2.07	2.02	1.97	1.81	1.72	1.62	1.57	1.53	1.45	1.35
80	3.96	3.11	2.72	2.49	2.33	2.21	2.13	2.06	2.00	1.95	1.79	1.70	1.60	1.54	1.51	1.43	1.32
90	3.95	3.10	2.71	2.47	2.32	2.20	2.11	2.04	1.99	1.94	1.78	1.69	1.59	1.53	1.49	1.41	1.30
100	3.94	3.09	2.70	2.46	2.31	2.19	2.10	2.03	1.97	1.93	1.77	1.68	1.57	1.52	1.48	1.39	1.28
200	3.89	3.04	2.65	2.42	2.26	2.14	2.06	1.98	1.93	1.88	1.72	1.62	1.52	1.46	1.41	1.32	1.19

Beachte: für großes n gilt $F_p(m,n) \doteq m\chi^2_p(m)$.

Tab.9b

Tabelle 9: Fortsetzung

p = 0.99

n \ m	1	2	3	4	5	6	7	8	9	10	15	20	30	40	50	100	∞
1	4052.	4999.	5403.	5625.	5764.	5859.	5928.	5982.	6022.	6056.	6157.	6209.	6261.	6287.	6300.	6330.	6366.
2	98.5	99.0	99.2	99.2	99.3	99.3	99.4	99.4	99.4	99.4	99.4	99.4	99.5	99.5	99.5	99.5	99.5
3	34.12	30.80	29.50	28.70	28.20	27.90	27.70	27.50	27.30	27.20	26.90	26.70	26.50	26.40	26.40	26.20	26.10
4	21.20	18.00	16.70	16.00	15.50	15.20	15.00	14.80	14.70	14.50	14.20	14.00	13.80	13.70	13.70	13.60	13.50
5	16.26	13.30	12.10	11.40	11.00	10.70	10.50	10.30	10.20	10.10	9.72	9.55	9.38	9.29	9.24	9.13	9.02
6	13.75	10.90	9.78	9.15	8.75	8.47	8.26	8.10	7.98	7.87	7.56	7.40	7.23	7.14	7.09	6.99	6.88
7	12.25	9.55	8.45	7.85	7.46	7.19	6.99	6.84	6.72	6.62	6.31	6.16	5.99	5.91	5.86	5.75	5.65
8	11.26	8.65	7.59	7.01	6.63	6.37	6.18	6.03	5.91	5.81	5.52	5.36	5.20	5.12	5.07	4.96	4.86
9	10.56	8.02	6.99	6.42	6.06	5.80	5.61	5.47	5.35	5.26	4.96	4.81	4.65	4.57	4.52	4.42	4.31
10	10.04	7.56	6.55	5.99	5.64	5.39	5.20	5.06	4.94	4.85	4.56	4.41	4.25	4.17	4.12	4.01	3.91
12	9.33	6.93	5.95	5.41	5.06	4.82	4.64	4.50	4.39	4.30	4.01	3.86	3.70	3.62	3.57	3.47	3.36
14	8.86	6.51	5.56	5.04	4.69	4.46	4.28	4.14	4.03	3.94	3.66	3.51	3.35	3.27	3.22	3.11	3.00
16	8.53	6.23	5.29	4.77	4.44	4.20	4.03	3.89	3.78	3.69	3.41	3.26	3.10	3.02	2.97	2.86	2.75
18	8.29	6.01	5.09	4.58	4.25	4.01	3.84	3.71	3.60	3.51	3.23	3.08	2.92	2.84	2.78	2.68	2.57
20	8.10	5.85	4.94	4.43	4.10	3.87	3.70	3.56	3.46	3.37	3.09	2.94	2.78	2.69	2.64	2.54	2.42
25	7.77	5.57	4.68	4.18	3.86	3.63	3.46	3.32	3.22	3.13	2.85	2.70	2.54	2.45	2.40	2.29	2.17
30	7.56	5.39	4.51	4.02	3.70	3.47	3.30	3.17	3.07	2.98	2.70	2.55	2.39	2.30	2.25	2.13	2.01
40	7.31	5.18	4.31	3.83	3.51	3.29	3.12	2.99	2.89	2.80	2.52	2.37	2.20	2.11	2.06	1.94	1.80
50	7.17	5.06	4.20	3.72	3.41	3.19	3.02	2.89	2.79	2.70	2.42	2.27	2.10	2.01	1.95	1.82	1.68
60	7.08	4.98	4.13	3.65	3.34	3.12	2.95	2.82	2.72	2.63	2.35	2.20	2.03	1.94	1.88	1.75	1.60
70	7.01	4.92	4.08	3.60	3.29	3.07	2.91	2.78	2.67	2.59	2.31	2.15	1.98	1.89	1.83	1.70	1.54
80	6.96	4.88	4.04	3.56	3.26	3.04	2.87	2.74	2.64	2.55	2.27	2.12	1.94	1.85	1.79	1.66	1.49
90	6.93	4.85	4.01	3.54	3.23	3.01	2.84	2.72	2.61	2.52	2.24	2.09	1.92	1.82	1.76	1.62	1.46
100	6.90	4.82	3.98	3.51	3.21	2.99	2.82	2.69	2.59	2.50	2.22	2.07	1.89	1.80	1.73	1.60	1.43
200	6.76	4.71	3.88	3.41	3.11	2.89	2.73	2.60	2.50	2.41	2.13	2.97	1.79	1.69	1.63	1.48	1.28

F (m, n)
p = 0.99

Literatur

1. Ergänzende Literatur

Die angeführten Werke setzen etwa die gleichen mathematischen Vorkenntnisse voraus wie das vorliegende Buch, decken ungefähr den gleichen Inhalt ab und sind als Ergänzung des hier in Kurzform gebrachten Stoffes geeignet.

Bamberg,G. & Baur,F. Statistik. München: Oldenbourg, 1980.

Bhattacharyya,G. & Johnson,R. Statistical Concepts and Methods. New York: J. Wiley & Sons, 1980.

Bleymüller,J., Gehlert,G. & Gülicher,H. Statistik für Wirtschaftswissenschaftler. München: Verlag Franz Vahlen, 1979.

Kreyszig,E. Statistische Methoden und ihre Anwendung. Göttingen: Vandenhoeck&Ruprecht, 3.Aufl. 1967.

2. Weiterführende Literatur

Die angeführten Werke setzen weitergehende mathematische Vorkenntnisse voraus als das vorliegende Buch, decken etwa den gleichen Inhalt oder Teile davon ab und ermöglichen ein tieferes Eindringen in den behandelten Stoff.

Ferschl,F. Deskriptive Statistik. Würzburg: Physica-Verlag, 1980.

Pfanzagl,J. Allgemeine Methodenlehre der Statistik. Berlin: Walter de Gruyter & Co, 1967.

Chatfield,C. The Analysis of Time Series: Theory and Practice. London: Chapman and Hall, 1975.

DeGroot,M. Probability and Statistics. California, London: Addison Wesely, 1975.

Fisz,M. Wahrscheinlichkeitsrechnung und mathematische Statistik. Berlin: Deutscher Verlag der Wissenschaften, 1966.

Rohatgi,V.K. In Introduction to Probability Theory and Mathematical Statistics. New York: J. Wiley & Sons, 1976.

3. Spezialliteratur

Jedes der angeführten Werke behandelt mehr oder weniger umfassend ein Teilgebiet der Statistik, das im Bereich der Sozial- und Wirtschaftswissenschaften von praktischer Relevanz ist.

Chatfield,C. & Collins,A. Introduction to Multivariate Analysis. London, New York: Chapman and Hall, 1980.

Uhlmann,W. Statistische Qualitätskontrolle. Stuttgart: Teubner, 1966.

Cochran,E.G. Sampling Techniques. London: J. Wiley & Sons, 1977.

Everitt,B.S. The Analysis of Contingency Tables, London: Chapman and Hall, 1977.

Büning,H. & Trenkler,G. Nichtparametrische statistische Methoden. Berlin: Walter de Gruyter, 1978.

Gilchrist,W. Statistical Forecasting. London: J. Wiley & Sons, 1976.

Mertens,P. Prognoserechnung. Würzburg-Wien: Physica-Verlag, 1973.

Frerichs,W. & Kübler,K. Gesamtwirtschaftliche Prognoseverfahren. München: Verlag Vahlen, 1980.

Schneeweiß,H. Ökonometrie, Würzburg-Wien: Physica-Verlag, 1978.

4. Handbücher

Sachs,L. Angewandte Statistik. Berlin: Springer-Verlag, 1978.

Sachverzeichnis